回向恆品

吉林大学哲学社会科学普及读物

职场密码
四大名著中的人生智慧

由兴波 著

CAREER CODE:
Wisdom of Life in the Four
Great Classical Novels

社会科学文献出版社
SOCIAL SCIENCES ACADEMIC PRESS (CHINA)

前 言

阴谋？阳谋？

《西游记》《三国演义》《水浒传》《红楼梦》是读者熟悉的中国古典文学的四大名著。但是，有多少读者是从电视剧、电影中了解四大名著的？有多少读者仔细阅读过文本？有多少读者读懂了文字之中的潜在含义？

我们把这四部小说确定为四大名著，除了它们在文学史上的地位，还因为它们通过章回小说这种文体，展现出独具特色的东方智慧，并潜移默化地透露很多我们日常生活中正在摸索也逐渐熟悉的一些思想观点、管理方法，以及一些社会风俗等。其中蕴含的不仅仅是一个个降妖除魔的故事、一场场气势磅礴的军事战斗、一位位除暴安良的英雄好汉、一出出催人泪下的爱情悲剧，更包含着中国数千年形成的东方智慧。它们对个人的成长与问题思考的角度，启发极大；对企事业单位的管理与用人之道，启迪颇多；对职场升迁与人际交往，可资借鉴。

四大名著虽然是文学作品，但生动再现了现实生活。

本书分为五个板块，即德、信、术、情、色，涉及传统的道德建设、组织领导能力、管理方法、人情社会生存法则、两性关系等各方面。每个板块都通过对文本的详细解读来分析其内在的核心思想，探究耐人寻味的言外之意。这既是对历史成功经验的总结，也是对潜在劣根性的批判。

本书不是对史实的考证，也不是穿越，更不是戏说，只是给大家提供一个新的视角来解读四大名著。文学作品不等同于史实，但是文学作品能带给读者很多人生的启迪。

读四大名著，增人生智慧。

本书能够让读者脑洞大开吗？也未可知。

001	第一板块	德：道德建设与成功之道
004	一	如何成为及时雨
016	二	名誉高过眼前利
025	三	推心置腹方为上
032	四	以和为贵求圆满

038	第二板块	信：言而有信与号召能力
039	一	跟住领导有前途
055	二	金字招牌影响大
061	三	规范制度束人情
065	四	不讲诚信酿恶果

075	第三板块	术：方法运用与管理智慧
076	一	怎样念好紧箍咒
085	二	坚决维护一把手
090	三	宝贝胜过通身技
094	四	管理手段多样化
104	五	挖掘人才为己用
109	六	冒险得当可成功
112	七	联手合作同发展

116　第四板块　情：人情社会与生存法则

117　一　编织一张人情网

121　二　凝聚情义靠兄弟

129　三　适当介入私生活

136　四　生死之交一碗酒

140　五　如何选好接班人

144　第五板块　色：江山美人与看破红尘

147　一　巧妙使用美人计

156　二　英雄要过美人关

168　三　色即是空空即色

184　四　淫荡终究有报应

第一板块　德：道德建设与成功之道

在中国人的思维模式中，最首要的就是"德"，人们思维习惯中"道德先行"的特点自古至今从未改变。古人讲"三不朽"——立德、立功、立言，而成为道德楷模是排在首位的。在评价一个人时，首先考量的就是其道德水准。一个人如果具备了优秀的道德，那么就可以掩盖其他很多缺点。不论你这个人是达官显贵也好，还是商贾巨富也好，大家对你的评价首先是一个"德"字。我们常说这样一句话：这个人什么都不缺，就缺德。完！这一句话基本把你这个人否定了。因此，"缺德"一词是大家在日常生活中最不愿意听到的。中国人习惯树立楷模，最喜欢从道德上树立楷模。

中国社会崇尚"德治"，在东方管理智慧中，以德服人备受推崇。孔子就提出："道之以政，齐之以刑，民免而无耻。道之以德，齐之以礼，有耻且格。"[①] 就是说，仅仅以政令、刑罚来约束百姓，只能约束他们的行为，而不能真正约束他们的心；而以道德、礼教

[①] 杨树达：《论语疏证》，科学出版社，1955，第28页。本书所引《论语》原文均出自该本。

来要求，则能够使百姓内心有所触动，从而符合社会要求的标准。因此，"德治"一直被古代社会统治者奉为最高的统治手段。历朝历代的皇帝，不论以何种手段取得了江山，最终都要标榜自己是道德楷模，是合理取得天下的。也只有这样，他们才感觉自己的龙椅坐得心安理得。似乎标榜道德的高尚，他们登上九五之尊就顺理成章了。对于大臣们，最高统治者则以"德"（外化为"忠"）作为考量的重要标准，以此作为约束团队的手段。可见"德"在东方管理智慧中的重要作用。

中国人习惯树立楷模，一旦被树立为楷模之后，他的一切都会被无限放大。

杭州西湖边有座岳王庙，岳飞的墓前有两个跪着的塑像：秦桧和他的夫人王氏。两个塑像跪了一千多年。塑像外面用铁栏杆拦着，上面挂了一个牌子，写着"禁止吐痰及扔垃圾"。大家十分憎恨秦桧和王氏，所以在参观的时候会往那两个石像上扔垃圾或吐痰。因为世人把岳飞树立成一个道德楷模，相比之下秦桧就是小人，就连秦桧的后人，几千年来都被钉死在道德的十字架上，这是大不应该的。

弄得秦桧的后人对此愤愤不平，强烈要求给秦桧平反。

岳飞的死跟秦桧到底有多大关系？到底是谁杀的岳飞？这些历史问题都没彻底搞清楚，就以"道德"为标准下结论，岂不是太武断了？

在中国人的思维习惯中,道德是虚幻的,又是最实在的,并且无处不在。很多事情都会有意无意地被提升到道德的高度。

因此,在中国人的习惯思维当中,如果想打倒你,首先从道德上打倒你。在20世纪网络不发达的时候,想搞臭谁往往靠写匿名信,常说"一封信8分钱,足够纪委查半年"。那时邮票8分钱一枚。

现在怎么样?不用匿名信了,雇几个水军在网上铺天盖地一发帖,就能在道德上先把你打倒。

四大名著中处处透露出"道德"的智慧。这个道德有一个很高的标准。很多人物并不具备非常突出的个人能力,为什么最后能够取得成功呢?主要原因之一是他在道德上树立了一个高大的形象。《水浒传》中的宋江和《三国演义》中的刘备,都被树为道德楷模,这也是他们能为众兄弟所信服并誓死追随的原因所在。宋江、刘备既无智谋,又无武功,手下却有一帮文韬武略出众的弟兄,帮助他们打天下,帮助他们成就功业。

从中可以吸取的管理之道颇多:有德有才者,重点使用;有德无才者,可以使用;有才无德者,小心使用;无德无才者,坚决不用。

"德"在整个中国社会当中所起的作用至关重要,它表面上似乎并不能够通过某些具体的东西明确地彰显出来,但是它无时无刻不存在于每个人的内心当中,大家隐约都有一个道德标准。因此,不论中国现在的法治如何向前推进,德治永远在其中发挥着极其重要的作用。

一 如何成为及时雨

四大名著展现的第一个启示是什么呢?如果你想在道德上给自己树立一个高大的形象,怎么办呢?你就应该多做好事,多做善事,通过外在的东西表现你内在的高尚。否则的话,你往这一坐,说我道德水准非常高,谁信啊?谁看得到吗?要通过外在的事情展现你内在的道德。

怎么办呢?做好事,做善事。

在《水浒传》中,宋江并不具备高超的武功和非凡的智慧,要文采没文采,要武功没武功,为什么他就做了梁山好汉的首领?为什么晁盖要把自己的位置让出来?为什么一百零七个兄弟姐妹就那么死心塌地地跟随宋江?甚至跟他征方腊、征田虎、征王庆,死伤惨重,仍矢志不渝地跟随宋江,直至魂断蓼儿洼。原因何在?这样要文无文、要武无武、要相貌没相貌的人怎么能成为梁山好汉的中心呢?

原因是宋江被树立为一个道德楷模。宋江的绰号是什么呢?"及时雨"!这个绰号就蕴藏着很深的道德因素。"孝义黑三郎"是他的另一个绰号，同样也是道德楷模。"三郎"是小名，黑点儿无所谓，不论你是老几，不论你长得黑、长得白、长得高、长得矮，前面有"孝义"在，大家就遵从你，就追捧你。

《水浒传》在第十八回"美髯公智稳插翅虎　宋公明私放晁天王"中对宋江有个全面的介绍：

> 那押司姓宋名江，表字公明，排行第三，祖居郓城县宋家村人氏。为他面黑身矮，人都唤他做黑宋江；又且于家大孝，为人仗义疏财，人皆称他做孝义黑三郎。上有父亲在堂，母亲丧早，下有一个兄弟，唤做铁扇子宋清，自和他父亲宋太公在村中务农，守些田园过活。这宋江自在郓城县做押司。他刀笔精通，吏道纯熟，更兼爱习枪棒，学得武艺多般。平生只好结识江湖上好汉：但有人来投奔他的，若高若低，无有不纳，便留在庄上馆谷，终日追陪，并无厌倦；若要起身，尽力资助，端的是挥霍，视金似土。人问他求钱物，亦不推托。且好做方便，每每排难解纷，只是周全人性命。如常散施棺材药饵，济人贫苦，周人之急，扶人之困。以此山东、河北闻名，都称他做及时雨，却把他比做天上下的及时雨一般，能救万物。[①]

[①] 施耐庵：《水浒传》，人民文学出版社，1997，第226页。本文所引《水浒传》原文均出自该本。

书中所写宋江的成名是依靠高尚的道德,其比较符合百姓的道德要求,容易为人所接受。宋江并无英俊潇洒的外貌,长得"面黑身矮",在人外形上他并不高大,相貌并不出众,甚至还有点猥琐。他也无文韬武略,虽也学得些武艺,但不知道武功高低,文案写得好,也只是做了个小小的郓城县"押司"。但是接着一转,"又且于家大孝,为人仗义疏财,人皆称他做孝义黑三郎"。这不得了,一个"孝"字就把他推到道德的高峰。中国人评价某人在道德上怎么样,孝不孝是很关键的一点。原因很简单,你如果对自己的父母都不能做到孝顺,那怎么可能对同事、对朋友做到真心好呢?你怎么可能道德高尚呢?这样大家自然就不会相信了。

《论语·为政》当中对"孝"字有这样一个解释:子游问孝,子曰:"今之孝者,是谓能养。"子游问孔子,什么是孝?孔子说,大家现在说的"孝"是指"能养",就是供养。子女每天给父母弄碗粥,饿不到,冻不到,够孝顺吧。但是孔子接着说:"至于犬马,皆能有养,不敬,何以别乎?"[1] 孔子说,至于你养的马,你养的狗,你家的坐骑,你家的宠物狗金毛、泰迪,你养得比你父母还好。你看看早晨遛狗的给狗穿的各种时装,还有穿着四只小皮鞋的,均价格不菲。你家的金毛、泰迪照样吃得很好,腊肠、鸡肝、猪心,

---

[1] 《论语疏证》,第33~34页。

照顾得无微不至。但是"不敬,何以别乎"?父母也是这样,你给他们吃饱,给他们穿暖,但是你不敬,跟养宠物有什么区别?这并不是孝。

古代有这样一个故事:有一天,一位老爷爷想吃火烧,就跟自己的儿子说,你去集市上看看,有没有卖火烧的,帮我买一个。儿子出去转了一圈,还真找到了卖火烧的,于是就买了两个火烧,但是偷偷地揣到怀里了。回来跟他的爸爸说,没有,集市上什么吃的都没有。然后他跑进屋子把门一关,偷偷地和自己的儿子吃火烧。这位老爷爷呢?这时候趴着门缝往里一看,自己的儿子和自己的孙子在偷偷地吃火烧。

于是他感慨万千,即兴写了一首诗:

趴着门缝往里瞧,我儿他儿吃火烧。

我儿正把他儿喂,他儿准把我儿学。

所谓身教重于言传,他的孙子长大后会是一个孝子吗?可想而知了。

所以孔子说:"不敬,何以别乎?"

宋江的父亲在世,母亲却过早去世了。但是小说里说宋江怎么样?"于家大孝。"这里并没有说宋江到底做了哪些事情,但是他因孝顺而声名远播，因此大家都知道宋江孝顺。宋江只是郓城县一个押司，一个小公务员，充其量就是一个正科级，他对父亲的孝在此处没有具体的展现，但是能够用"大孝"这两个字来描述，从而声名远播，说明宋江对自己的老父亲肯定是非常孝顺的。

孝，是宋江在道德上为自己穿的增高鞋，使自己身材不高的缺点得以弥补。你看看这人虽然长得难看点，但是他孝顺，还是不错的一个人。

接下来再看宋江做的是什么呢？

他"刀笔精通"，还挺有才，工作文案写得好，然后"吏道纯熟，更兼爱习枪棒"。"吏道纯熟"，这四个字怎么解释？他只是一个小吏，下层的小公务员，还算不上官，但是"吏道纯熟"，就是说他精通为官之道，迎来送往等方面相当熟练。虽然官不大，但是在官场上四处逢迎，如鱼得水。所以说，这四个字展现出宋江在官场上的精明。他还有点武功。小说没有展现宋江在武功方面有什么建树，这只是"习"，但并不等于精通。

宋江为什么能够得到"及时雨"这样的一个声名呢？仅靠这两点是不够的。小说写很多好汉来投奔他，"若要起身，尽力资助"，就是说有好汉投奔他，他肯定招待。"端的是挥霍，视金似土。人问他求钱物，亦不推托。且好做方便，每每排难解纷。"接下来的描述很重要了，宋江又做了什么呢？"只是周全人性命。如常散施棺材药饵,济人贫苦,周人之急,扶人之困。以此山东、河北闻名,都称他做及时雨,却把他比做天上下的及时雨一般,能救万物。"有人怀疑,宋江一个小小的押司怎么能够挥金如土?他的钱从哪里来?家庭也就算中产,有那么一些薄田,工资收入也不高。有人说宋江黑白两道精通,自有他生财之道。是不是可以追究宋江"巨额财产来源不明罪"呢?

宋江有多少钱我们并不清楚,花了多少我们也不管,但他花在什么地方很重要,这正是我们要仔细琢磨的。他做的是什么呢?他做的都是救死扶伤的事情。比如说,某某人住院了,交不起押金,两万元押金不交的话,医院就不给做手术。宋江说,好办,我兜里有两万元,你直接拿去吧。某某人家中的老人去世了,没有钱买棺材,怎么办?宋江说,我来给你出。某某的孩子得了白血病,得五十万元。宋江没有那么多,怎么办?宋江说,我这只有十万元,拿去吧,我再帮你借四十万元。

积德行善是好事,也因此能博得大众的喜爱。做好事又分两种:雪中送炭与锦上添花。但前者无疑更易为人所记住并感恩。因此,古人云:"受人滴水之恩,当以涌泉相报",即指在最紧要、最困难的时候,有人给予帮助则善莫大焉,也最能给人以深刻的印象。

经济学中有个"边际效益递减"概念,即越靠近中心作用越大。举个简单的例子,当你非常饥饿的时候,有人给你一个馒头,你会非常感激他，因为这时候你最饿，他的"效应"也最大；当别人再给你第二个馒头时，你也会感激他，但明显不如第一个了，因为你已经不是那么饿了……当有人给你第八个馒头时，这时你已经吃饱了，几乎就不太会感激他了。这就是"边际效益递减"。雪中送炭无疑就是第一个馒头，锦上添花则类似第八个馒头。

而宋江更为人称道和追捧的就是他的乐善好施，且常为"雪中送炭"型，这样的帮助远胜于"锦上添花"，所以受过他接济的人自然对他感恩戴德，没受过他接济的也会对他有好感。"及时雨"的意思是在最需要雨水的时候降下甘霖。宋江的帮助是在别人最困难、最需要的时候，做雪中送炭的事情，而不是盲目地散施钱财。

这一点在企业或企业家捐款时显得尤为重要。究竟是将钱捐到何处？是给那些最贫困、最需要救济的人或地方，还是凑热闹捐到曝光率高的地方？无疑前者更能产生实际效果，也更能赢得社会赞誉。

中国人在接受施舍的时候，还是要保全面子的，"志士不饮盗泉之水，廉者不受嗟来之食"。来，给你吃！那我不吃，我有气节。所以说，做慈善的时候，像陈光标那样高调做慈善，很多人愿意接受，毕竟真金白银给你；也有很多人不愿意接受，觉得受到了侮辱。结果你做善事却因为高调被很多人接受不了，说你炫什么富啊，你给钱就给钱，能不能低点身段，不要这么高调。

给你钱还得低点身段,那你拿钱怎么不能低点身段呢?

什么心态?

有很多人接受不了,所以才不受"嗟来之食"。

中国有句俗话:"一碗米养一个恩人,一斗米养一个仇人。"这是什么意思呢?比如说邻居家揭不开锅,穷得都不行了,孩子都快饿死了,你接济他一碗米,他非常感激你。受人滴水之恩当涌泉相报,这是中国人的传统美德。"一斗米养了一个仇人"是什么意思呢?如果你家很富有,然后邻居又贪得无厌,你给了他一碗米,救活了孩子。第二天邻居仍饿,又说:大哥能再借我两碗米吗?没问题,再借你两碗米。他非常感谢你。但是他逐渐地会越要越多,然后他说你家有十多袋米呢,你不能给我两袋吗?

我凭什么给你两袋米啊!

你不再借给他,于是他就生气了,从此跟你成了仇人。

中国有很多这样的事情,如某人突然暴富,中了彩票,一下子中了五千万元。这下可倒好,"穷在闹市无人问,富在深山有远亲",你不论躲在哪,亲戚朋友都来了。恭喜啊,发短信祝贺啊,有的还嫌不够,必须亲自上你家祝贺。兄弟你中了五千万元,你命真好。你家大侄子明年要结婚,这房子钱还差十万元,你能不能借我十万元?他感觉你有五千万元,你借我十万元应该是可以的。你借不借?不借就骂你。你借给他了。另一个亲戚来说,你大侄女明年上大学,还差两万元,能不能借两万元。你借不借?借。之后,还有亲戚找你来说,你大妹子想做个"拉皮",去韩国美容,还缺五万元。你借不借?永远无休无止。你不借,就成了仇人。

言归正传,宋江所做的那种善事是雪中送炭的,他在最关键的时候出手,绝不做锦上添花的事情,因此博得了"及时雨"的称号。这个声誉为他后来在危难的时候大家解救他打下了很好的基础。所以说很多人根本没有见过宋江,只是听过宋江的名字,恍然大悟道原来是山东的"及时雨"。感觉你这个人又孝顺,对兄弟又好,我虽然不认识你,可能也并不需要你的帮助,但是我跟你交往肯定错不了。因此,宋江靠这点成为一个大家都喜欢的人物。

且看宋江是如何与晁盖结为生死之交的,在《水浒传》第十八回"美髯公智稳插翅虎　宋公明私放晁天王"中写道:

> 晁盖问道:"押司如何来的慌速?"宋江道:"哥哥不知,兄弟是心腹弟兄,我舍着条性命来救你。如今黄泥冈事发了!白胜已自拿在济州大牢里了,供出你等六人(应为"七人")。济州府差一个何缉捕,带领若干人,奉着太师府钧帖并本州文字来捉你等七人,道你为首。天幸撞在我手里!我只推说知县睡着,且教何观察在县对门茶坊里等我,以此飞马而来报你。哥哥,三十六计,走为上计。若不快走时,更待甚么!我回去

引他当厅下了公文,知县不移时便差人连夜下来。你们不可担阁,倘有些疏失,如之奈何!休怨小弟不来救你。"晁盖听罢,吃了一惊,道:"贤弟,大恩难报!"……宋江略讲一礼,回身便走,嘱付道:"哥哥保重,作急快走!兄弟去也。"宋江出到庄前,上了马,打上两鞭,飞也似望县里来了。①

这是宋江和晁盖两人关系的起点。晁盖等人劫了生辰纲,朝廷派人来捉拿他们,宋江冒着生命危险向他们通风报信。这个时候晁盖非常感谢宋江,说贤弟,大恩难报。"大恩不言谢",多余的话不说了,你看哥哥以后的。然后宋江也说"哥哥保重,作急快走,兄弟去也"。所以才有后来晁盖因为感激宋江,给宋江送金子之事。

宋江之所以能青史留名,无非因为他是水泊梁山好汉的首领。而宋江何以能做到梁山第一把交椅?他救晁盖等人于危难之中,是最初的也是最扎实的基础。宋江也知道这样做是冒着生命危险的,"我舍着条性命来救你",这句话道出了宋江处境的险恶,也博得了晁盖等人的感激。接下来,宋江为兄弟舍生忘死的精神又更进一步,也更使晁盖坚定了邀宋江入伙做首领的决心。

在第二十一回"虔婆醉打唐牛儿 宋江怒杀阎婆惜"中,晁盖

---

① 《水浒传》,第228~229页。

为感激宋江的救命之恩,差赤发鬼刘唐给他捎来书信和一百两金子,宋江推辞不过,仅取了一条金子,其余让刘唐带回。结果这信被阎婆惜发现了。因为宋江没有多留,只留了一块金子,阎婆惜比较贪财,借机要挟宋江。在争夺的过程中,宋江不小心把刀子露了出来,阎婆惜说,你还敢杀了我?宋江情急之下,为兄弟两肋插刀,于是把阎婆惜杀了。然后才有宋江被抓后,晁盖拼命来救他。如果没有宋江在晁盖最危急的关头给他通风报信,晁盖也不可能如此地拼着命来救宋江。在第二十二回"阎婆大闹郓城县 朱全义释宋公明"中,宋江在逃难途中路遇柴进与武松,也因他"及时雨"的名头,所以二人对宋江推崇备至,搭以援手。书中是这样描写的:

> 柴进笑道:"大汉,你不认的这位奢遮的押司?"那汉(指武松)道:"奢遮,奢遮!他敢比不得郓城宋押司少些儿!"柴进大笑道:"大汉,你认的宋押司不?"那汉道:"我虽不曾认的,江湖上久闻他是个及时雨宋公明。且又仗义疏财,扶危济困,是个天下闻名的好汉。"柴进问道:"如何见的他是天下闻名的好汉?"那汉道:"却才说不了,他便是真大丈夫,有头有尾,有始有终。我如今只等病好时,便去投奔他。"柴进道:"你要见他么?"那汉道:"我可知要见他哩。"柴进便道:"大汉,远便十万八千,近便在面前。"柴进指着宋江便道:"此位

便是及时雨宋公明。"那汉道:"真个也不是?"宋江道:"小可便是宋江。"那汉定睛看了看,纳头便拜,说道:"我不是梦里么?与兄长相见!"宋江道:"何故如此错爱?"那汉道:"却才甚是无礼,万乞恕罪!有眼不识泰山!"跪在地下,那里肯起来。①

你看每个人都非常认可宋江做的这些事情,包括柴进柴大官人——前朝的皇室后裔,武松——打虎的英雄……哪一个不比宋江强?吴用虽然是小学的民办教师,但是文化水准还是很高的。无论是武功高强的,还是身世显赫的、文采飞扬的,个个都知道宋江是"及时雨",且仗义疏财,扶危济困,是个天下闻名的好汉。所以说因声名远播,宋江才能得到这么多人的尊崇。朱仝、柴进与武松之所以搭救宋江,皆因其乐善好施、平时积累下的善缘,"江湖上久闻他是个及时雨宋公明。且又仗义疏财,扶危济困,是个天下闻名的好汉"。由此可见,在平时生活中,善德的积累是多么重要,也可以看出道德对一个人的人生道路的重要影响。

中国人习惯树立"道德楷模"。忠臣、贤妻、孝子是这种楷模的外化,自古以来一直受到推崇。道德高尚者可名垂青史。《忠臣

---

① 《水浒传》,第286~287页。

传》《列女传》《二十四孝图》等,都收录了这些"道德楷模"的光辉事迹。其中若能再有淡泊名利者,则更为世人景仰。庄子、许由、范蠡、关羽、陶渊明、"竹林七贤"、颜真卿、文天祥等诸多隐士、名臣,都是在道德层面取得了丰硕成果,并被后世推崇备至。

二 名誉高过眼前利

中国人重视名誉甚至重过生命。在"名"和"利"的纠结中,很多人更倾向于前者。孟子详细阐述了这一观点:"鱼,我所欲也;熊掌,亦我所欲也。二者不可得兼,舍鱼而取熊掌者也。生,亦我所欲也;义,亦我所欲也。二者不可得兼,舍生而取义者也。"[1](《孟子·告子上》)孟子借用了人们生活中经常接触的两种食物"鱼"和"熊掌"来比喻,鱼是我想要的,熊掌也是我想要的,在二者不能全都得到的情况下,我只能舍弃鱼而要比较珍贵的熊掌了。孟子进而引申到"生命"和"义"上,二者的取舍就和鱼与熊掌一样,虽然都有所留恋,但只能选取一种的情况下,我宁愿舍弃生命而取义,因为"义"比"生命"更珍贵。"舍生取义"是核心,也

---

[1] 史次耘注译:《孟子今注今译》,商务印书馆,1973,第307页。本文所引《孟子》原文均出自该本。

是古人所推崇的道义所在。

如果想树立一个道德的楷模,还要注意什么呢?就是名誉高过眼前利益。这在塑造一个人道德形象的时候也是至关重要的。为什么这么讲呢?很多人只看到眼前利益,不顾及自己的名誉,这是大大失策的,绝对是目光短浅的。所以说真正聪明的人会把名誉看得非常重要,而把眼前利益放在次要位置。

最典型的是谁呢?他就是关羽关云长。

关羽的武功在《三国演义》中不是最高的,"一吕二赵三典韦,四关五马六张飞"。在《三国演义》中,第一勇士是吕布,第二是赵云,第三是典韦,前三名关羽都没占上。关羽的谋略就更不出众了。在《三国演义》中,谋略最出众的自然是诸葛亮。但关羽是《三国演义》中声名最高的一个,甚至和孔子并列。孔子是圣人,道德上绝对的楷模,被尊为"文帝"!而"武帝"就是关羽。并且关羽像孔子一样,历朝历代的皇帝逐步把他封起来,一步一步地把他的封号累加,从开始被封为各种将军,然后追封为王,之后追封为帝,最后成为"武帝"关羽。后来黑社会上的那些人说关羽讲义气,我们在影视剧中也常常看到黑帮在拜关二哥。让人百思不得其解的是,近些年来关羽竟然变成了财神,各商家都在那里拜关二哥!一般财神是拿着金元宝,拿着"恭喜发财"条幅的,现在都供奉关羽,原因何在?关羽没有钱,也不会做生意,那就只能说有这样一个人保护我,有这样一个道德水准高的人保护我,还可以保佑我发财。

何以武功最高的吕布、谋略最出众的诸葛亮都未能在后世获得如此之高的推崇呢?关键在于关羽的"义"字为世人景仰。关羽注重的是个人名誉,而非眼前利益。

在《三国演义》第二十五回"屯土山关公约三事 救白马曹操解重围"中,关羽被迫降曹时的"土山约三事",即为关羽"义"的一个真实反映。此时关羽被曹操围困,曹操爱其才,虽然我手下的武将众多,你的武功也还是不错的,虽然没有典韦、吕布强悍,但是也还算号人物,决定把你招降。于是曹操派人来劝降。

派谁去呢?派关羽的好朋友张辽。

张辽来了之后一番晓之以理、动之以情,但关羽说不行,我必须杀身成仁,冲出去跟他拼命,死了之后博得个清名。张辽说,你哥哥刘皇叔走的时候让你照顾家小,你拼死了,你两个嫂子怎么办?你死了岂不有负你哥哥的重托,且死得不值。

关羽一琢磨,觉得也是,自己去死不要紧,但有负哥哥的重托啊。那好,我投降要有三个条件:

公曰:"一者,吾与皇叔设誓,共扶汉室,吾今只降汉帝,不降曹操;二者,二嫂处请给皇叔俸禄养赡,一应上下人等,皆不许到门；三者，但知刘皇叔去向，不管千里万里，便当辞去：三者缺一，断不肯降。望文远急急回报。"①

三个条件一是降汉不降曹，二是善待两位嫂嫂，三是但知刘备去向，必将前往寻找。从这三个条件可以看出，关羽的本意是既保持对朝廷的"忠"，又保持对兄长的"义"，因此他在曹操这里只不过是委曲求全，暂时栖身而已。有人诟病关羽的"投降"，认为他没有杀身成仁，为汉家尽忠。古语云"大丈夫能屈能伸"，关羽暂时栖身于曹操，保全了性命，为以后的建功立业、报效国家保存了实力，正可谓"留得青山在，不怕没柴烧"。

再者，曹操、袁绍也好，刘备也罢，都是争斗诸侯中的一个，何人代表正统？他又能为谁去"殉国"呢？

张辽于是把这三个条件回去跟曹操一说，先说第一个，降汉不降曹。"操笑曰：吾为汉相，汉即吾也。此可从之。"曹操说我是汉家朝廷丞相，汉家朝廷就是我，没问题。

实际上曹操在这里偷换了概念，自己是汉家丞相，那么汉家江山怎么就等于你呢？

曹操习惯性地偷换概念。在文治武功方面，曹操确实比较出众，

---

① 罗贯中：《三国演义》，人民文学出版社，1973，第212页。本文所引《三国演义》原文均出自该本。

但也刚愎自用。举个例子来讲，曹操曾经签署一道手令，叫《止省东曹令》①。这是什么手令呢？我们要重新进行行政区划，县改市以及很多市改区，有一些县市需要合并，因此把东曹县撤掉了。曹操的《止省东曹令》就是不准把东曹县撤掉。他的理由是什么呢？曹操在手令上签的，"日出于东"，太阳每天都在东方升起，"月盛于东"，月亮最圆的时候在东边，"凡人言方，亦复先东"，我们说方位的时候也是先说东，然后他接着说"何以省东曹"？凭什么把东曹县给撤掉了？太阳在东方升起，月亮在东方变圆，东西南北的方位跟撤不撤东曹县没有任何关系。那是行政区划，你这是什么？这是自然现象，是语言现象，两者根本不搭界。但是曹操就是这样不讲理，认为这个"东"是必须存在的，那东曹县也必须存在。

在这里曹操也是这样，我就是汉家丞相，汉家就是我，纯属不讲道理。

其实，关羽这几条纯属给自己找台阶下。你想啊，第一条是降汉不降曹——你不还是在曹操帐下听令吗？你不还是给曹操效力吗？所以曹操给你个台阶，完全答应。

然后"操曰：'吾于皇叔俸内，更加倍与之。至于严禁内外，乃是家法，又何疑焉！'"曹操说刘备的俸禄我会加倍给他。这对曹

---

① 安徽亳县《曹操集》译注小组译注：《曹操集译注》，中华书局，1979，第141~142页。

操来说不算什么。所以说关羽的第二个条件也纯属是给自己找托词，找台阶，一个台阶不好迈下去容易摔着，于是弄了几个台阶。关羽明知道谁都能满足他这个条件。

第三个，说"但知玄德信息，虽远必往"。关羽说如果听到刘备的消息，那么再远我也去找。刘备字玄德，"玄德"即"大德"，这里把刘备抬得比较高。刘备的名字当中也隐含这样的意思，说这人品德比较好。

曹操问，我养这个云长有何用？我何必留着关羽呢？他什么时候知道刘备在哪就什么时候走了。接着张辽给他出主意："刘玄德待云长不过恩厚耳。丞相更施恩厚以结其心，何忧云长之不服也？"就是说刘备对关羽特别好，您对他加倍好，他怎么能走呢。曹操说那好办，我同意。

关羽的投降被视作迫不得已，因这三个条件的提出，也博得了当时及后世的谅解。接下来，关羽就诠释了"义"字，也是他把自己送上神坛的举措。

在第二十五回中还写道：

> 次日班师还许昌。关公收拾车仗，请二嫂上车，亲自护车而行。于路安歇馆驿，操欲乱其君臣之礼，使关公与二嫂共处一室。关公乃秉烛立于户外，自夜达旦，毫无倦色。操见公如

此，愈加敬服。既到许昌，操拨一府与关公居住。关公分一宅为两院，内门拨老军十人把守，关公自居外宅。①

接下来从土山回许昌的过程当中，关羽把两位皇嫂接上了。曹操这时候就想，用什么办法让关羽死心塌地地跟随自己呢？我得抓住他的把柄，抓住他的小辫子，怎么办呢？于是在夜晚住宿的时候就给关羽和两位皇嫂安排一间房，欲乱关羽"君臣之礼"，说白了就想抓住关羽男女作风问题。曹操坏不坏？就是说你关羽再有能耐，被我抓住小辫子，我也能在道德上打倒你。

结果关羽怎么样？不是一个标间吗？两位皇嫂你们住，关羽拿着蜡烛在门口站岗，站了一宿。

曹操这个阴谋没得逞。曹操对关羽愈加敬服，说关羽好样的，不但武功高，而且道德水准也高。关羽的忠义与正派令曹操都"愈加敬服"，更令世人钦佩。关羽的道德楷模形象逐渐形成。

曹操一计不成又来一计。你不是不敢和两位嫂子发生点什么吗？好，我回去再给你送几个年轻漂亮的美女，再送给你一些金银财宝，这个总可以吧？关羽是怎么样做的呢？金银财宝封好了分文不动，美女们一概送到内室，服侍两位嫂子，自己一个不要。因此，这个

---

① 《三国演义》，第 214 页。

时候曹操对关羽的爱惜和敬重就不只是武功方面，更是道德方面了。

关羽不贪财、不爱色，以忠义为上，"一面将累次所受金银，一一封置库中，悬汉寿亭侯印于堂上"①。这符合中国的传统道德要求，为自己赚了些人气。

接下来关羽为寻兄不辞辛苦，历尽艰辛，则彰显其坚韧本性和忠义思想。在第二十七回"美髯公千里走单骑 汉寿侯五关斩六将"中，关羽一路上多次遇阻，但都被他英勇地化解了，也充分展示了他武功的高强与意志的坚定。在第二十八回"斩蔡阳兄弟释疑 会古城主臣聚义"中的一系列事件，造就了关羽的英名，是以受到后世的敬仰。

在第二十六回"袁本初败兵折将 关云长挂印封金"中，关羽听孙乾说刘备投奔袁绍处，决定去千里寻兄。张辽前来探听消息，关羽有一番表白：

> 辽曰："兄与玄德交，比弟与兄交何如？"公曰："我与兄，朋友之交也；我与玄德，是朋友而兄弟、兄弟而主臣者也，岂可共论乎？"②

---

① 《三国演义》，第224页。
② 《三国演义》，第223页。

关羽在道德上为大家所推崇的还有一个原因是他对刘备的忠心，这点很重要。张辽跟关羽聊天时就问他，你跟刘备的交情，和我跟你的交情，哪个深哪个浅？关羽说我跟你就是哥们，我跟刘备是朋友，加兄弟，加君臣。其实这个应该是倒过来说的，说我跟刘备首先是君臣，自古忠臣不事二主，这个"忠"在古代甚至排在"孝"的前面。关羽说你看看我对我的主公绝对是忠贞不贰的，其次才是我们的兄弟情义，再次是我们还有朋友之交。咱俩就是哥们，所以说根本比不起的。因此，刘备对关羽很信任，说兄弟你对我这么忠心，自然而然就对关羽毫不怀疑了。但是张飞就怀疑关羽，于是在古城相会的时候张飞就说你过五关斩六将都是假的，你是不是骗我开城门，后边跟着曹兵，你要攻打我们，如何如何的。所以说关羽的忠心很重要。

从中可以看出，关羽将"义"字分作三个层次：朋友、兄弟、主臣。最高层次仍然是君臣之礼，是"忠"。关羽与刘备，是在"兄弟"基础上的"主臣"，因此在"忠"的基础上还有"义"。这是最为世人推崇的。

在中国的企业管理中，尤其是企业初创阶段，"桃园结义"式的管理往往能够凝聚人心。公司员工与老板是上下级关系，类似"主臣"，若能有"兄弟"之情在其中，必然同心同德，共同创业，有利于企业的发展。因此，一些家族式的企业在最初创业阶段，发展比较快。有些公司创始人和员工也往往结成兄弟关系,这有利于公司的发展。一旦企业做大做强后,这种"桃园结义"式的管理就不适合企业发展了,必须采取"契约式"管理方式。

三　推心置腹方为上

中国有句俗话叫"浇花浇根,交人交心"。中国人在交友时特别注重人品,注重彼此的心灵沟通,将能够"推心置腹"的朋友视为自己一生的财富。在中国的行政管理中,管理者必须充分认识到与下属、员工沟通的重要性,建立心灵的沟通。单纯的长官命令或行政手段,是不适合中国人的管理模式与心理期待的。因此,管理者需要把行政手段与情感沟通结合,使下属或员工真心与自己交流,建立彼此融洽的关系,才能使工作顺利开展。

四大名著给我们的一个启示就是:如果想维系住手下的一干人马,如果想维系住手下的众兄弟,你就必须与他们交心。

《三国演义》特别注重对人心的交往与收买,如诸葛亮在"隆中对"时就提出"天时、地利、人和"三分天下的理论。其源自《孟子·公孙丑下》:

天时不如地利,地利不如人和。三里之城,七里之郭,环而攻之而不胜；夫环而攻之，必有得天时者矣；然而不胜者，是天时不如地利也。城非不高也，池非不深也，兵革非不坚利也，米粟非不多也；委而去之，是地利不如人和也。故曰：域民不以封疆之界，固国不以山溪之险，威天下不以兵革之利。得道者多助，失道者寡助。寡助之至，亲戚畔之；多助之至，天下顺之。以天下之所顺，攻亲戚之所畔：故君子有不战，战必胜矣！①

孟子从天气时令、地形条件、人心向背等方面分析了决定战争胜负的诸多因素，认为三者相较，是"天时不如地利，地利不如人和"，最重要的因素是"人和"，即"人心向背"。而"人心"对一个人成功与否的重要性，是"得道者多助，失道者寡助"，只有获得了人心，才能战无不胜。虽然结论略显武断，但充分彰显了古人对"人心"的注重。

在《三国演义》中，诸葛亮七擒孟获，又七次放了孟获，目的就是收服"人心"，不以占领疆土为胜利。在第八十八回"渡泸水再缚番王　识诈降三擒孟获"中，诸葛亮明确告诫手下众将，来此地不是为了消灭孟获、占领其领土，而是要收服人心。只有当地民

---

① 《孟子今注今译》，第85页。

众心悦诚服地归顺,才能长治久安。而孟获是其首领,具有绝对的号召力,所以首先要让孟获心服口服,才算真正的胜利。如:

> 却说孔明放了孟获,众将上帐问曰:"孟获乃南蛮渠魁,今幸被擒,南方便定;丞相何故放之?"孔明笑曰:"吾擒此人,如囊中取物耳。直须降伏其心,自然平矣。"①

诸葛亮在征孟获的时候手下伤亡惨重,但他一次又一次地把孟获抓来之后,又一次次地放掉,他本有 N 次机会把孟获杀掉,但他为什么没有这么做呢?手下将领也不明白。诸葛亮说我抓这个孟获太容易了,如探囊取物一般,杀掉他也容易,但是这并不能收服当地人的心,也不能让他们死心塌地地臣服于我,所以收心为上。我必须让孟获内心真正地感觉到,他才能真心投降我,这样南方也才能永久平定。

如探囊取物?诸葛亮虽说七擒孟获,但也不是那么容易的。蜀兵已经伤亡惨重,所以渡泸水的时候冤魂不散,诸葛亮没有办法才祭冤魂,招魂。但是诸葛亮知道杀一个人、杀十个人、杀几十万人很容易,但想收服几十万人的心是很困难的。诸葛亮深谙此道。

诸葛亮深刻认识到,只有"降服其心",才能真正平定南方。

---

① 《三国演义》,第721页。

而对众将的疑惑,诸葛亮做了深刻的解释:

> "吾三番擒之而不杀,诚欲服其心,不欲灭其类也。吾今明告汝等,——勿得辞劳,可用心报国。"众将拜伏曰:"丞相智、仁、勇三者足备,虽子牙、张良不能及也。"①

蜀将出生入死,擒得孟获,屡次又被放掉,自然心生不满。诸葛亮将"攻心"为上的道理讲给众将领听,消除了他们的疑惑,才能三军用命,贯彻领导意图。因此,作为管理者,一定要将自己的想法或行动目的明示下属员工,才能凝聚力量,共同攻克难关。不要隐瞒,不要蒙蔽,不要把下属当傻瓜。

对于下属,交心就更为重要了。只有下属与领导一条心,才能真心拼搏,否则众叛亲离,必然导致溃败。

《三国演义》在收服下属人心时,有时甚至使出了一些虚伪但有效的手段,以达成目的。最为大家熟知的是"刘备摔孩子":

> 云纵马过桥,行二十余里,见玄德与众人憩于树下。云下马伏地而泣。玄德亦泣。云喘息而言曰:"赵云之罪,万死犹

---

① 《三国演义》,第 727~728 页。

轻!糜夫人身带重伤,不肯上马,投井而死,云只得推土墙掩之。怀抱公子,身突重围;赖主公洪福,幸而得脱。适来公子尚在怀中啼哭,此一会不见动静,多是不能保也。"遂解视之,原来阿斗正睡着未醒。云喜曰:"幸得公子无恙!"双手递与玄德。玄德接过,掷之于地曰:"为汝这孺子,几损我一员大将!"赵云忙向地下抱起阿斗,泣拜曰:"云虽肝脑涂地,不能报也!"后人有诗曰:

曹操军中飞虎出,赵云怀内小龙眠。无由抚慰忠臣意,故把亲儿掷马前。①

赵云在百万军中救得阿斗得益于曹操的一句话,曹操在高岗上一看到那个白马将军就问他是谁,怎么会这么厉害?手下说这人是赵云赵子龙。曹操爱才,说这赵云武功比关羽还好,这人必须给我留下来,任何人不能放箭,我要活子龙,不要死赵云。你们不能把赵云给我杀了。手下的人一听不敢把赵云杀了,因此赵云才得以冲出来,否则的话,百万军队,即使赵云武功再高,挤都能挤死,还打什么啊。大家一拥而上,一挤就完事了。得益于曹操的这句话,赵云因此杀了出来,但也累得筋疲力尽。

---

① 《三国演义》,第348页。

赵云见到刘备时，刘备正与众人憩于树下。刘备此时行军特别慢，因为几十万名百姓跟着他，老弱病残的军士也跟着他，根本走不快。如果曹兵追上来，他们肯定没有活路。"云下马扶地而泣"，赵云于是下马跪那儿哭，跟刘备说，糜夫人投井死了，我没有办法救她，就把土墙推倒了，把夫人掩埋了。阿斗我把他揣在怀里了，"赖主公洪福，幸而得脱，适来公子尚在怀中啼哭，此一会不见动静，多是不能保也"。赵云说刚才我打的时候还听见公子哭呢，这会儿一声都没有了，估计完了。于是赶紧解下来，"遂解视之，原来阿斗正睡着未醒"。孩子在那儿睡呢，睡得挺香的。这里挺暖和，赵叔叔的怀抱也挺宽阔的，自己很放心的。

后来有人就说这个阿斗——刘禅，从小就没心没肺，长大了被俘之后更是乐不思蜀。刘禅小时候在打仗的环境中还能睡着。其实孩子哪知道这些啊，外面刀光剑影自己哪里知道啊，何况赵叔叔怀抱这么温暖，于是睡着了。

赵云高兴地说，幸好孩子没事，然后双手捧着孩子递了过来。玄德接过，然后一下扔地上了。这就是大家经常说的"刘备摔孩子，收买人心"。据传，刘备长相奇特，双手过膝，胳膊特别长。大家注意这个动作——赵云是双手递过，玄德不是没接，而是先双手接过来，然后"掷之于地"。刘备本身胳膊就比较长，再弯弯腰，然后再这样掷之于地。小孩的骨骼发育比较软，一般从床上掉下来，哭两声就没事了。"掷之于地",这个"掷"字,本身就不是很严重的摔,所以说孩子自然没事。

"为汝这孺子,几损我一员大将。"这个举动却让以赵云为代表的手下将士大受感动。你看,"赵云忙向地下抱起阿斗,泣拜曰:'云虽肝脑涂地,不能报也!'"他跪下痛哭流涕,心道主公对我太好了,为了照顾我的情绪,把自己的儿子都摔到地上了。此时,刘备逃难,手下兵将大都老弱病残,还有很多百姓跟随他,他怎么让赵云等一干人马对他死心塌地呢?说我赏你万户侯,他有那权力吗?我赏你千金,他有吗?什么都没有,怎么样抚慰,必须收买人心。"无由抚慰忠臣意,故把亲儿掷马前。"就是说实在没有什么办法来抚慰手下这些将领的心了,怎么办呢?"故把亲儿掷马前",有意地这样摔一下,做一下这样的举动而已。

刘备这一招果然奏效,以至于众将士和百姓都感激涕零。但后人看穿了刘备的手段,因此才有"刘备摔孩子,收买人心"的俗语!

在《三国演义》第十五回"太史慈酣斗小霸王　孙伯符大战严白虎"中,刘备就说"兄弟如手足,妻子如衣服"。兄弟是我的胳膊腿,老婆孩子是衣服,衣服穿破了可以随便扔,旧的不去新的不来,兄弟不能动,兄弟要没了就等于砍掉我的手足一样。这番话也让手下众将士备受感动。

难道刘备不爱自己的家人吗?他不心疼自己的老婆孩子吗?不

是的。这句话只是说给手下将士听的,是收买人心的言辞。

这是多么真诚的谎言啊,说得刘备自己都信了。

四　以和为贵求圆满

中国人提倡"以和为贵"的待人之道。我们常说"家和万事兴",所以说"和"字在中国人生活中起了非常重要的作用。

在《红楼梦》中,贾家这样一个大家庭,最初表面上还是很和谐的,不和谐之后整个贾府就衰亡了。但是它怎样能够起到家庭和睦的效果呢?起到作用的并不是王熙凤的个人行政管理,而是贾母所起的约束作用。贾母健在,大家以贾母为中心,在这个家庭当中很多人就不敢造次,纵然下面有很多矛盾,到贾母这里也都能够被压下,被摆平。所以说贾府"家和"至关重要。贾母去世后,所有矛盾都掩盖不住了,全部爆发,贾府自然也衰败了。

在《西游记》中,取经团队是一个很成功的团队,每个人都有自己不同的本领。唐僧属于一个很好的CEO,一个很好的领导者,孙悟空属于本领高强的员工,是二把手,然后白龙马属于任劳任怨型的人,猪八戒属于领导身边的红人,在唐僧身边说点好话,动不动挑拨一下孙悟空跟唐僧之间的关系。有人说就沙和尚似乎没什么作用,在这里是不是多余的啊?是不是多写了一个徒弟?好像如果没有沙和尚,这个团队也挺稳定的嘛。你说他本领不如孙悟空,挑行李还不如白龙马能负重,说好话亦不如猪八戒,他就会说那么几句话:

  大师兄,师父被妖怪捉走了;
  二师兄,师父被妖怪捉走了;
  大师兄,二师兄被妖怪捉走了;
  师父,大师兄会来救我们的!

就是这样。沙和尚有什么作用呢?但是你要知道沙僧在整个团队当中起到黏合剂的作用。此人至关重要。

  一个团队内部必然是有矛盾的。取经团队的矛盾最初就是在唐僧跟孙悟空之间产生的。因为两人理想志愿不同,孙悟空一直想当一只快乐的妖,唐僧一心想取得真经,但是两人有共同的利益。共同利益是什么呢?唐僧需要人保护,孙悟空想从被判无期徒刑的五指山下出来。观音跟悟空谈条件,我把你救出来,你跟唐僧去取经。孙悟空一想,跟唐僧取经的话总比在这被判无期徒刑强,就说可以,然后达成契约。

  孙悟空在最初时是不服唐僧的,两人之间总产生矛盾,孙悟空动不动一个筋斗云走了,回东海了。唐僧说这猴子我也管不住了,我不要你了。但孙悟空带上紧箍咒之后就不敢乱跑了。孙悟空又帮唐僧收服了小白龙、猪八戒、沙和尚。猪八戒在心中对孙悟空是非常不满的：就你这猴子多事，我在高老庄是很快活的，就非得把我拽出来，然后让我吃这苦，取这破经。但是孙悟空的本领比猪八戒强得多，猪八戒敢怒不敢言，总是隐藏在心中，一旦孙悟空和领导——唐僧之间有矛盾，猪八戒马上蹦出来进谗言，而且绝不站到孙悟空一边。这在"三打白骨精"中体现得最明显。猪八戒吃不到那些好吃的就跟唐僧说，这是大师兄整的障眼法。唐僧很生气，念紧箍咒。打死一个老头，猪八戒就说，又是大师兄整的障眼法，你赶紧把这个猴子撵走吧，猴子杀人无数。

　　于是，孙悟空被撵走了。一旦再碰到妖怪，猪八戒去请孙悟空一般请不回来。此时又是谁在其中起作用呢？能够起黏合剂作用的就是沙和尚，因为沙僧不怨恨孙悟空。沙僧本来是在流沙河里靠吃人度日的。他把吃完之后的骨头扔到河底，就有九个人头在流沙河里不沉下去，于是他就把这九个骷髅头穿在一块挂到脖子上。天庭还要给沙僧用刑，每七天派飞剑戳他两肋数百下，虽痛苦不堪，但扎不死他。你想这比无期徒刑还遭罪，怎能忍受。观音说你跟唐僧去取经吧。他能不去嘛。

　　在这里，沙和尚在整个团队当中看似一无是处，但是他能调和孙悟空和猪八戒、唐僧之间的矛盾。每当师父要撵大师兄走的时候、猪八戒进谗言的时候，沙和尚总是出来说，看大师兄以前怎么怎么样的份上，师父就饶过他这一回吧……有人说个好话，的确就好多了。一个团队看似有很多庸人，但其实他起很重要的作用。大家设想一下，唐僧有四个徒弟，如果个个都像孙悟空有这么大本领，这个团队会和谐吗？战斗力会强吗？彼此竞争太激烈了，自然不会和谐。

在《西游记》第三十一回"猪八戒义激猴王　孙行者智降妖怪"中，沙僧被黄袍怪拿住，孙悟空过来解救，沙僧听说大师兄来了，那个高兴劲儿啊！如：

噫！那沙僧一闻孙悟空的三个字，好便似醍醐灌顶，甘露滋心。一面天生喜，满腔都是春，也不似闻得个人来，就如拾着一方金玉一般。你看他捽手拂衣，走出门来，对行者施礼道："哥哥，你真是从天而降也！万乞救我一救！"行者笑道："你这个沙尼！师父念《紧箍儿咒》，可肯替我方便一声？都弄嘴施展！要保师父，如何不走西方路，却在这里'蹲'甚么？"沙僧道："哥哥，不必说了，君子人既往不咎。我等是个败军之将，不可语勇，救我救儿罢！"行者道："你上来。"沙僧才纵身跳上石崖。[①]

[①] 吴承恩：《西游记》，人民文学出版社，1980，第387页。本文所引《西游记》原文均出自该本。

从这段话中可以看出，孙悟空对沙僧更无怨恨之心，两人能够很和谐地对话。沙僧在对大师兄的言语中也是充满恭敬之情的。虽然后来沙僧也对孙悟空流露出些许不满，但两人从来没有真正撕破脸面，关系还是很容易缓和的。

因此，在一个集体当中，需要有人有很强的执行力，同时还需要有人有一个调和矛盾的作用。比如，在一个办公室当中如果只有两个人——你和你科长，如果你们关系不好的话，这份工作就没法干。如果这个办公室有三个人，再有一个副科长，跟你俩都没什么矛盾，那就好办了，你跟你科长不能说话了，但是你跟副科长能说话啊，这个科长能和副科长说话，这样就容易调和一下。办公室气氛就和谐稳定多了。

所以我们在用人时要重视"庸人"沙僧的重要作用。

《论语·学而》当中说"礼之用，和为贵"。

《中庸》当中也说"和也者，天下之达道也"。

董仲舒在《春秋繁露·循天之道》中也提出这样的观点，"德莫大于和"。

《论语·子路》当中就提出，"君子和而不同，小人同而不和"。其也就是指出"和"的这种重要作用。这个"和"并不是和稀泥、没立场，所以说"君子和而不同，小人同而不和"。我们能够保持一个很和谐的氛围，但不等于同流合污，自己没有自己的立场。因此,《礼记·中庸》才有"君子和而不流"的说法。二程《河南程氏粹言》卷一中云:"世以随俗为和,非也,流徇而已矣。君子之和,和于义。"我们必须有一个正义的出发点,否则的话,集体腐败算"和"吧?市委书记腐败,市长、副市长,一块全都跟着腐败。你看我们多和谐啊!但是这种"和"不是基于"义"的基础。所以说"君子之和,和于义",也就是基于义的基础上,这种"和"才是最主要的。

第二板块　信：言而有信与号召能力

中国人特别讲究信用，在《论语·为政》当中就有这样的一句话，"人而无信，不知其可也"。就是说一个人如果没有信用，那么我不知道你会做成什么样。"大车无輗，小车无軏，其何以行之哉。""輗"和"軏"都是以前车辕上的两个插销样的东西，是固定两辕之间横木的，就是牛和马拉车的时候要把绳子套到这根横木上，没有这两个东西车就拉不走。比如说，我们现在去买辆豪车，到4S店了，售车小姐告诉你：这个车特别好，就是缺俩轮子；然后那车也挺好，没方向盘！你能买吗？买了你怎么开？因此，这两句话的意思就是说一个人没有信用，就像大车小车没有輗和軏，这两个关键东西看似不大，但是没有它绳子就挂不住，绳子挂不住这个车就拉不走。

中国人特别注重"信用"二字，而且自古以来还有一个传统，就是特别注重口头承诺！我们现代社会重视书面契约，比如做生意得签个合同，借款得写个借条。书面契约非常重要，将来你不承认的话这里有你亲笔签字，有你摁的手印，那我到法院告状也有证据。在现代社会，书面契约更好用。但是自古以来，大家更注重口头约定,常常讲"一诺千金",就是说一个承诺放在这里,千金都不换。俗话说得好:"大丈夫说话板上钉钉,吐口唾沫砸个坑。"我说一是一,说二是二,"一言既出,驷马难追"。大家看这都指的是什么?这都指的是口头约定。我一句话说出去了,我承诺你了,套上四匹好马的车都撵不上。

为什么中国人注重口头承诺呢?因为这个"信"和"德"是紧密相关的,说你这个人不信守承诺,说你这个人德行有亏,那就把你的一切都否定了。中国人自古以来就是以人品涵盖一切的,你人品不行,其他的一概否定。

什么是"信用"?就是你守"信"时才有"用"!

一 跟住领导有前途

四大名著给我们一个提示:守"信"至关重要。同时,它们举出了什么人信守承诺就获得成功,什么人不信守承诺就遭到失败。第一个要义,作为领导来讲,你必须能给自己的下属一个光明的前途,否则的话没人替你死心塌地地卖命。凭什么我就替你卖命?古语讲"一将功成万骨枯",任何将领的成功都是建立在千千万万下属卖命的基础上的。如果不给下属一个光明的前途,让他们为你卖命是不可能的。

最典型的要属《西游记》，如观音菩萨选取唐玄奘做取经人的经过。

四个徒弟保护师父西天取经，同时也会给自己一个光明的前途，洗刷掉前面所犯的过错，因此才会自始至终保护师父，每个徒弟也得到了比较好的结局。第八回"我佛造经传极乐　观音奉旨上长安"，详细描述了观音菩萨代表如来对沙僧、八戒、白龙马、悟空的许诺。

如来有一天讲佛法的时候突然对手下的这些金刚、菩萨们讲，天下分作四大部洲，就南赡部洲比较差，其他的三个洲都不错，南赡部洲"贪淫乐祸，多杀多争，正所谓口舌凶场，是非恶海"。那地方道德品质简直太坏了，道德水准也差，那怎么办呢？好，我有真经，能够解救他们于苦难之中，但是这个真经我不能白送，得派人去这个东土寻一个取经人来。谁能去找呢？

观音菩萨说，我去吧。如来嘱咐道：

（如来）对菩萨言曰："这袈裟、锡杖，可与那取经人亲用。若肯坚心来此，穿我的袈裟，免堕轮回；持我的锡杖，不遭毒害。"这菩萨皈依拜领。如来又取出三个箍儿，递与菩萨道："此宝唤做'紧箍儿'。虽是一样三个，但只是用各不同。我有'金紧禁'的咒语三篇。假若路上撞见神通广大的妖魔，你须是劝他学好，跟那取经人做个徒弟。他若不伏使唤，可将此箍儿与他戴在头上，自然见肉生根。各依所用的咒语念一念，眼胀头痛，脑门皆裂，管教他入我门来。"①

如来对观音菩萨说我这有袈裟和锡杖，你可以送给将来的取经人用。接着又拿出三个箍递与菩萨，一个叫紧箍，一个叫金箍，一个叫禁箍。然后说，如果碰到神通比较广大的，有点本领的妖魔鬼怪，你就让他给取经人做个徒弟。如果他不听话，就把箍给他戴上，也好使。

观音菩萨遇到的第一个妖怪是沙僧。如：

怪物闻言，连声喏喏；收了宝杖，让木叉揪了去，见观音纳头下拜。告道："菩萨，恕我之罪，待我诉告。我不是妖邪，我是灵霄殿下侍銮舆的卷帘大将。只因在蟠桃会上，失手打碎了玻璃盏，玉帝把我打了八百，贬下界来，变得这般模样。又教七日一次，将飞剑来穿我胸胁百余下方回，故此这般苦恼。没奈何，饥寒难忍，三二日间，出波涛寻一个行人食用；不期今日无知，冲撞了大慈菩萨。"菩萨道："你在天有罪，既贬下

---

① 《西游记》，第90页。

来，今又这等伤生，正所谓罪上加罪。我今领了佛旨，上东土寻取经人。你何不入我门来，皈依善果，跟那取经人做个徒弟，上西天拜佛求经？我教飞剑不来穿你。那时节功成免罪，复你本职，心下如何？"那怪道："我愿皈正果。"……菩萨方与他摩顶受戒，指沙为姓，就姓了沙；起个法名，叫做个沙悟净。当时入了沙门，送菩萨过了河，他洗心涤虑，再不伤生，专等取经人。①

这是谁啊？这就是为大家所熟知的沙和尚。碰到这么一个妖怪要吃菩萨，菩萨说你还敢吃我，你是何方妖孽？沙和尚说我本来不是妖孽，我是天上的卷帘大将，因在蟠桃会上失手打碎了杯子，被贬下界了。天界的惩罚也很重，打碎东西被判得非常重，被贬下界变为妖怪还不算，还每七天派飞剑扎他胸肋百余下，还扎不死他，让他承受这个痛苦。沙和尚没办法，只能每天在流沙河中忍受这个痛苦，饿了就出来找一个行人把他给吃了，吃完之后就把骨头扔在流沙河里。那么多取经人的尸骨都沉到河底了，只有九个骷髅头不沉，总在河面上漂着，于是沙和尚就把他们捞过来，穿上线挂在脖子上。这九个骷髅头在沙和尚皈依佛门之后就变成了他脖子上挂的这个大念珠。

---

① 《西游记》，第92~93页。

菩萨告诉他说，你这样天天承受这种痛苦，不知道什么时候是个出头之日。不久还会有一个取经人从这儿过，你给他做徒弟，取经成功后你就可以免遭这些罪责了。沙僧一听，天上掉馅饼啊，真是求之不得的好事。于是，观音给他摩顶受戒，指沙为姓，就姓了沙，起个法名叫沙悟净。沙和尚"洗心涤虑，再不伤生，专等取经人"。沙和尚本来处于活受罪的境地，给取经人当个徒弟对他来说简直是幸福无比的事情，立即可以刑满释放了。所以说沙和尚非常高兴，在这儿专心等着。

第二个出场的妖怪是猪八戒。如：

> 观音按下云头，前来问道："你是那里成精的野豕，何方作怪的老彘，敢在此间挡我？"那怪道："我不是野豕，亦不是老彘，我本是天河里天蓬元帅。只因带酒戏弄嫦娥，玉帝把我打了二千锤，贬下尘凡。一灵真性，竟来夺舍投胎，不期错了道路，投在个母猪胎里，变得这般模样。是我咬杀母猪，可死群彘，在此处占了山场，吃人度日。不期撞着菩萨，万望拔救，拔救。"菩萨道："此山叫做甚么山？"怪物道："叫做福陵山。山中有一洞，叫做云栈洞。洞里原有个卵二姐，他见我有些武艺，招我做了家长，又唤做'倒蹅门'。不上一年，他死了，将一洞的家当，尽归我受用。在此日久年深，没有个赡身的勾当，

只是依本等吃人度日。万望菩萨恕罪。"菩萨道："古人云：'若要有前程，莫做没前程。'你既上界违法，今又不改凶心，伤生造孽，却不是二罪俱罚？"那怪道："前程！前程！若依你，教我嗑风！常言道：'依着官法打杀，依着佛法饿杀。'去也！去也！还不如捉个行人，肥腻腻的吃他家娘！管甚么二罪、三罪、千罪、万罪！"菩萨道："'人有善愿，天必从之。'汝若肯归依正果，自有养身之处。世有五谷，尽能济饥，为何吃人度日？"怪物闻言，似梦方觉。向菩萨施礼道："我欲从正，奈何'获罪于天，无所祷也'！"菩萨道："我领了佛旨，上东土寻取经人。你可跟他做个徒弟，往西天走一遭来，将功折罪，管教你脱离灾瘴。"那怪满口道："愿随！愿随！"菩萨才与他摩顶受戒，指身为姓，就姓了猪；替他起个法名，就叫做猪悟能。遂此领命归真，持斋把素，断绝了五荤三厌，专候那取经人。①

接下来观音菩萨继续往前走，又碰到一个妖怪，观音菩萨就问，你是哪里的妖怪，长得跟头猪似的。那怪一解释，观音明白了，原来是天蓬元帅犯了点作风问题，酒后失德，调戏嫦娥，于是玉帝把他打了两千锤，贬下界来。结果投胎的时候，一不小心出错了，跑

---

① 《西游记》，第94~95页。

到母猪肚子里，出来的时候变成猪形了。这也就罢了，结果他还不孝顺，"咬杀母猪，可死群彘，在此处占了山场，吃人度日"。他出生之后，回头还把他妈——那头老母猪给咬死了。

这里跟如来就不能比了，如来从大鹏鸟的肋部出来，回头要杀这个大鹏鸟，别的菩萨说你从他的肚子里出来，他就等于你的母亲一样，你不能杀他。于是如来就没杀他。猪八戒可倒好，常言道"儿不嫌母丑"，八戒嫌他妈丑，又嫌自己丑，结果把母猪和其他的猪都咬死了。

观音菩萨说，你前面犯了一个错，犯了一个作风问题，这还可以理解。接着你又吃人度日，属于杀生，属于罪上加罪了，你怎么改呢？我这里有佛旨，上东土寻个取经人，你给他当个徒弟，将功折罪，免了你这个罪责。这个对猪八戒来说跟沙和尚一样，都属于天大的喜事，要不然永远脱离不了苦海。于是观音菩萨给他起个法名叫猪悟能。然后也是"持斋把素，断了五荤三厌，专候那取经人"。

第三个出场的妖怪是小白龙。如：

> 菩萨却与木叉，辞了悟能，半兴云雾前来。正走处，只见空中有一条玉龙叫唤，菩萨近前问曰："你是何龙，在此受罪？"那龙道："我是西海龙王敖闰之子，因纵火烧了殿上明

珠,我父王表奏天庭,告了忤逆。玉帝把我吊在空中,打了三百,不日遭诛。望菩萨搭救,搭救。"

观音闻言,即与木叉撞上南天门里,早有邱、张二天师接着,问道:"何往?"菩萨道:"贫僧要见玉帝一面。"二天师即忙上奏,玉帝遂下殿迎接。菩萨上前礼毕道:"贫僧领佛旨上东土寻取经人,路遇孽龙悬吊,特来启奏,饶他性命,赐与贫僧,教他与取经人做个脚力。"玉帝闻言,即传旨赦宥,差天将解放,送与菩萨,菩萨谢恩而出。这小龙叩头谢活命之恩,听从菩萨使唤。菩萨把他送在深涧之中,只等取经人来,变做白马,上西方立功。小龙领命潜身不题。①

观音菩萨继续往前走,碰到了一条小白龙,这条小白龙比前面的猪八戒和沙和尚面临的情况都要惨,为什么呢?猪八戒、沙和尚只是被判了无期,小白龙是怎么样呢?小白龙是死刑,立即执行。他因纵火烧了殿上明珠,被其"父王表奏天庭,告了忤逆"。他还属于父亲大义灭亲举报的。玉帝把小白龙吊在空中打了三百下,打完之后斩立决。等候处斩的时候观音菩萨把他救了出来,说你将来变成一匹白马驮这个取经人,可以的话我就替你求情,免了死罪。

---

① 《西游记》,第95~96页。

总之不会丢性命了，小白龙自然感激不尽，于是叩头谢活命之恩。

所以说他们三人都是被判了无期或者是死刑的，观音菩萨给了他们一个明确的出路，说你悔过自新，经历一点磨难，总比你们在这里无期或者是被处斩要好得多。

最后主角出场了，如：

> 师徒们正说话处，早惊动了那大圣。大圣在山根下高叫道："是那个在山上吟诗，揭我的短哩？"菩萨闻言，径下山来寻看。只见那石崖之下，有土地、山神、监押大圣的天将，都来拜接了菩萨，引至那大圣面前。看时，他原来压于石匣之中，口能言，身不能动。菩萨道："姓孙的，你认得我么？"大圣睁开火眼金睛，点着头儿高叫道："我怎么不认得你，你好的是那南海普陀落伽山救苦救难大慈大悲南无观世音菩萨。承看顾！承看顾！我在此度日如年，更无一个相知的来看我一看。你从那里来也？"菩萨道："我奉佛旨，上东土寻取经人去，从此经过，特留残步看你。"大圣道："如来哄了我，把我压在此山，五百余年了，不能展挣。万望菩萨方便一二，救我老孙一救！"菩萨道："你这厮罪业弥深，救你出来，恐你又生祸害，反为不美。"大圣道："我已知悔了，但愿大慈悲指条门路，情愿修行。"这才是：

第二板块 信：言而有信与号召能力 / 047

人心生一念，天地尽皆知。

善恶若无报，乾坤必有私。

那菩萨闻得此言，满心欢喜。对大圣道："圣经云：'出其言善，则千里之外应之；出其言不善，则千里之外违之。'你既有此心，待我到了东土大唐国寻一个取经的人来，教他救你。你可跟他做个徒弟，秉教伽持，入我佛门，再修正果，如何？"大圣声声道："愿去！愿去！"菩萨道："既有善果，我与你起个法名。"大圣道："我已有名了，叫做孙悟空。"菩萨又喜道："我前面也有二人归降，正是'悟'字排行。你今也是'悟'字，却与他相合，甚好，甚好。这等也不消叮嘱，我去也。"那大圣见性明心归佛教，这菩萨留情在意访神僧。[1]

最后，这位为大家熟知的孙悟空终于出来了，"大圣睁开火眼金睛，点着头儿高叫道：'我怎么不认得你，你好的是那南海普陀落伽山救苦救难大慈大悲南无观世音菩萨。承看顾！承看顾！'"

这里大家需要注意孙悟空的语言，猪八戒、沙和尚都说你这个观音菩萨怎么怎么样，没有说那么多，孙悟空因已经在这被压了五百年了，早就受不了了，憋得不行了，一直给观音说好话，溜须拍

---

[1] 《西游记》，第96~97页。

马的口头功夫表现得特别好,你就是大慈大悲、救苦救难的观音菩萨,说了一大堆好话,加了一大堆名头。

然后观音也说,那你将来给这个取经人当个徒弟,同不同意?大圣连声道,愿去,愿去。求你了,只要你放我出来,干什么都愿意。通过这些句子就能看出孙悟空此时已经急到什么程度了,大慈大悲、救苦救难的观音菩萨你可来了,坚决表示愿去,只要你放我出来,怎么都行。

大圣心里盘算,不管怎么样,出来再说。

所以说我们就知道为什么孙悟空、猪八戒、沙和尚、白龙马虽然知道唐僧软弱无能,但也一定要跟着他,虽然中间也有一些矛盾,如孙悟空要走等,但最终他们把唐僧保到了西天。他们知道自己的命运是跟领导的命运紧密结合在一起的,领导成功就等于自己得解脱。

他们得救的前提是什么?你必须保取经人到西天取得真经,你们的罪过才能一概免除。如果取经人到不了西天,取不了真经,你们都不能得救,还是该处斩的处斩,该压回去的压回去。所以说孙悟空有时候负气,闹点脾气,跟唐僧闹点矛盾,但是取经这个目的是不能变的。原因何在呢?必须跟着领导,只有领导有光明的前途了,我们才有光明的前途。

再看《水浒传》中,宋江是如何为手下众兄弟的前途考虑的。

宋江同意招安的理由就是为手下兄弟的前途考虑,因此前面几次都是因所封的官职太低，引起梁山众兄弟不满。第七十五回"活阎罗倒船偷御酒　黑旋风扯诏谤徽宗"：

> 陈太尉于诏书匣内取出诏书，度与萧让。裴宣赞礼，众将拜罢，萧让展开诏书，高声读道：
> "制曰：文能安邦，武能定国。五帝凭礼乐而有封疆，三皇用杀伐而定天下。事从顺逆，人有贤愚。朕承祖宗之大业，开日月之光辉，普天率土，罔不臣伏。近为宋江等辈，啸聚山林，劫掳郡邑。本欲用彰天讨，诚恐劳我生民。今差太尉陈宗善前来招安。诏书到日，即将应有钱粮、军器、马匹、船只，目下纳官，拆毁巢穴，率领赴京，原免本罪。倘或仍昧良心，违戾诏制，天兵一至，龆龀不留。故兹诏示，想宜知悉。
> 　　　　　　　　　　宣和三年孟夏四月　日诏示。"①

对于下属的出路，一定要给安排好。领导给他们一个明确的承诺也是非常重要的，你不给手下一个明确的承诺，大家也不会跟着你死心塌地地卖命。大家都知道，宋江自从上了梁山后就一直想着被招安。对于招安，手下的人一部分是同意的，一部分是不同意的。

---

① 《水浒传》，第978页。

同意的这一部分人是什么人呢？比如说像花荣、杨志、呼延灼、徐宁等，本身就是官员、军官出身，或者像卢俊义这样的大地主，不想上山落草为寇，有的是阴错阳差被骗来的，有的是被陷害来的，他们是同意招安的，一方面可以洗脱原有罪责，另一方面还能恢复或者提升官职，重新回到官员行列。但是梁山上有些兄弟是不同意招安的，像阮氏三兄弟，本身就是落草为寇的，因为劫生辰纲，手上又有人命，本身也没当过官，如果被招安能有什么好处呢？像武松、鲁智深、石秀等杀了多少人，这些都是身背数条人命的，如果被追究起以前的罪责来，肯定没什么好果子吃。在历朝历代，身背数条人命的都不可能不被追究，所以他们一旦被招安后，可能会遭到朝廷的追责，跑都跑不掉了。所以他们坚决不同意招安。

但是宋江是一个小押司，是一个小公务员，他想招安。宋江身上虽然也有一条人命，但是他属于激情杀人，一不小心失手杀了人，他的罪责不那么大。另外，宋江想如果招安之后我的一些罪责能够免掉，那么我手下的兄弟们身上的这些重罪也能免掉。

但是第一次招安很不成功。御史陈太尉把圣旨拿出来，让萧让来读。你看这个圣旨怎么写的呢？先是一些套话、官话，说我当皇帝是比较清明的，是你们这些人不好。然后接着说，你们这些人落草为寇，打家劫舍，扰乱社会秩序，本来我想派兵征讨你们，但是我不忍心让将士、百姓受此劳苦，且动用百姓、文武官员，很对不起他们,所以特下圣旨,必须把你们的一切东西,如军草、钱粮、马匹通通交官,老老实实地把你的巢穴烧掉。如果这样我就免掉你们的罪责,否则的话怎么样呢?"违戾诏制,天兵一至,龆龀不留。"否则的话我就派官兵征讨,杀得你们鸡犬不留。

这道圣旨什么意思呢?其根本不是一个免罪的口气,没说别的,先把东西交上来,钱粮交上来,这样还能饶过你们。否则的话,稍有差池,那就派兵杀得你们鸡犬不留。这个时候除宋江外梁山一百零七个好汉皆有怒色,都不高兴了。如:

> 萧让却才读罢,宋江已下皆有怒色。只见黑旋风李逵从梁上跳将下来,就萧让手里夺过诏书,扯的粉碎,便来揪住陈太尉,拽拳便打。此时宋江、卢俊义大横身抱住,那里肯放他下手。恰才解拆得开,李虞候喝道:"这厮是甚么人!敢如此大胆!"李逵正没寻人打处,劈头揪住李虞候便打,喝道:"写来的诏书是谁说的话?"张干办道:"这是皇帝圣旨。"李逵道:"你那皇帝正不知我这里众好汉,来招安老爷们,倒要做大!你的皇帝姓宋,我的哥哥也姓宋。你做得皇帝,偏我哥哥做不得皇帝!你莫要来恼犯着黑爹爹,好歹把你那写诏的官员尽都杀了!"[①]

---

① 《水浒传》,第978页。

这时候李逵跳下梁来把诏书撕得粉碎，宋江此时对李逵没有任何的责罚。

我们有理由怀疑这个李逵是宋江早就安排好的，在那等着的。为什么呢？梁山一百单八将，一百零七个都在那听旨呢，就李逵一个人在房梁上蹲着呢。你凭什么蹲房梁上去啊？这很可能是宋江有意安排的，一旦听到圣旨的内容不是我们想要的，你就跳下来把它撕了。宋江说我要杀你，取你的黑头。大家都知道宋江有好几次说要杀李逵，但根本舍不得杀。

可惜宋江最后还是把李逵给毒死了，使李逵魂断蓼儿洼！

第一次招安不成，朝廷就派兵征讨，但屡遭失败，真打不过，于是才有第二次招安。《水浒传》第八十二回"梁山泊分金大买市　宋公明全伙受招安"：

裴宣喝拜。拜罢，萧让开读诏文：

"制曰：朕自即位以来，用仁义以治天下，行礼乐以变海内，公赏罚以定干戈。求贤之心未尝少怠，爱民之心未尝少洽。博施济众，欲与天地均同；体道行仁，咸使黎民蒙庇。遐迩赤子，咸知朕心。切念宋江、卢俊义等，素怀忠义，不施暴虐。归顺之心已久，报效之志凛然。虽犯罪恶，各有所由，察其情恳，深可悯怜。朕今特差殿前太尉宿元景，赍捧诏书，亲到梁山水泊,将宋江等大小人员所犯罪恶尽行赦免。给降金牌三十六面,红锦三十六匹,赐与宋江等上头领;银牌七十二面,绿锦七十二匹,赐与宋江部下头目。赦书到日,莫负朕心,早早归降,必当重用。故兹诏赦,想宜悉知。

宣和四年春二月　日诏示。"

萧让读罢丹诏,宋江等山呼万岁,再拜谢恩已毕。宿太尉取过金银牌面,红绿锦段,令裴宣依次照名,给散已罢。①

第二次招安的时候还是萧让展开诏书,然后接下来看,同样是招安,这次怎么说的?宋江、卢俊义等个个都是忠臣,你们从来没有作奸犯科,也从来没有打家劫舍,一心想归顺朝廷。所以说"虽犯罪恶,各有所由,察其情恳,深可悯怜"。虽然你们偶尔有一点过错,但是仔细一追究,都是有缘由的,都很可怜。所以我给你们平反,"将宋江等大小人员所犯罪恶尽行赦免"。并且这还不算,第一次招安时说你赶紧把你的东西——钱粮、车船必须交到官府,现在不但不用你们交,还给你们"金牌三十六面,红锦三十六匹,银牌七十二面,绿锦七十二匹"。总共一百单八将,还得分成两等,前三十六个给金牌,给红锦,后七十二个给银牌,给绿锦。挑拨离间的

---

① 《水浒传》,第 1060~1061 页。

意思很明显。接着说"赦书到日,莫负朕心,早早归降,必当重用"。就是说你来吧,不但免你的罪,而且我一定会重用你们。

此时,以宋江为代表的梁山众兄弟,和《西游记》中的几个徒弟一样,都是戴罪之身。梁山上的众"好汉",哪个不是杀人越货、罪责极大的?如果没有招安这条路,没有朝廷的免死圣旨,他们永远是被通缉的要犯。因此,宋江等虽然盼着招安,但必须等到朝廷的一个明确的承诺:免罪!第一次招安没给这个承诺,所以李逵必须跳出来搅局。第二次招安,朝廷明确给了宋江他们一个承诺。所以,宋江他们一看这个可以,跟上次不一样。你看这回招安,李逵怎么不跳出来撕了呢?同样是招安,你如果说不想被招安的话,给不给官、给不给钱都不被招安。第一次时,你不仅不给钱,还要追究我们的罪责,这不能招安,必须撕掉!这次又给钱,又给官,一切罪责赦免,还说要重用,这可以接受。

你看李逵也不跳出来撕诏书了。所以说李逵第一次撕诏书的原因就是最高统治者没给他们明确的承诺,他们对自己被招安之后的处境非常担心。第二次这个可以,因此他们才同意招安的。

二 金字招牌影响大

一块金字招牌会具有巨大的号召力,在四大名著中,很多人的成功都得益于自己有良好的品牌号召力。

在《西游记》中，唐僧具备极高的品牌号召力。唐僧并不是一个简单的人，他乃如来坐下的弟子金蝉子转世，因为不安心听讲而被罚到人间，所以观音菩萨选人的时候也会拍领导马屁。你想，长安的高僧众多，并不只有玄奘一个，观音菩萨从空中一看，这个人认识，十世好人，还是金蝉子转世，乃如来坐下的弟子，所以观音菩萨就不找其他人了，也不公开面试了，也不公开招考了，直接就是他了。内定这个取经人如来是最高兴的，选其他的人如来怎么样就不好说了，所以这是观音奉承如来的结果。四个徒弟则高举着唐僧这面大旗，成就了最后的功业。

讲到信的时候，品牌的号召力量在四大名著中所起的作用最大、最具典型的就是《三国演义》中的刘备。从第一回"宴桃园豪杰三结义　斩黄巾英雄首立功"开始，关羽、张飞就跟定了这块"金字招牌"。如：

及刘焉发榜招军时，玄德年已二十八岁矣。

当日见了榜文，慨然长叹。随后一人厉声言曰："大丈夫不与国家出力，何故长叹？"玄德回视其人：身长八尺，豹头环眼，燕颔虎须，声若巨雷，势如奔马。玄德见他形貌异常，问其姓名。其人曰："某姓张，名飞，字翼德。世居涿郡，颇有庄田，卖酒屠猪，专好结交天下豪杰。恰才见公看榜而叹，故此相问。"玄德曰："我本汉室宗亲，姓刘，名备。今闻黄巾倡乱，有志欲破贼安民；恨力不能，故长叹耳。"飞曰："吾颇有资财，当招募乡勇，与公同举大事，如何？"玄德甚喜，遂与同入村店中饮酒。正饮间，见一大汉，推着一辆车子，到店门首歇了；入店坐下，便唤酒保："快斟酒来吃，我待赶入城去投军。"玄德看其人：身长九尺，髯长二尺；面如重枣，唇若涂脂；丹凤眼，卧蚕眉：相貌堂堂，威风凛凛。玄德就邀他同坐，叩其姓名。其人曰："吾姓关，名羽，字长生，后改云长，河东解良人也。因本处势豪，倚势凌人，被吾杀了；逃难江湖，五六年矣。今闻此处招军破贼，特来应募。"玄德遂以己志告之，云长大喜。同到张飞庄上，共议大事。

飞曰："吾庄后有一桃园，花开正盛；明日当于园中祭告天地，我三人结为兄弟，协力同心，然后可图大事。"玄德、云长齐声应曰："如此甚好。"①

刘备本来什么都不是，且年已二十八了，看到地方一个小官僚招募军士的榜文，看完之后就感慨，你说我参不参加呢？后面有人

---

① 《三国演义》，第4~5页。

大声呵斥："大丈夫不与国家出力，何故长叹？"玄德一看这是谁呢？张飞。张飞是个小财主，卖酒屠猪，还开个酒铺、猪肉铺。张飞问刘备，你是谁啊？你干吗的啊？刘备说："我本汉室宗亲，姓刘，名备。"刘备总是打出自己这个金字招牌，跟谁都说，我是汉室宗亲，中山靖王之后，姓刘，名备，我是皇室宗亲，此时已经落魄得不得了。

中山靖王刘胜很好色，有一百二十多个儿子。刘备是刘胜的远世孙本已不可考，即便是真的，你说远到了何种程度？但刘备就是这么说，我是汉家正宗血统，如果验 DNA 的话，也是有遗传基因的。

张飞本来也想建功立业，苦于自己就是一个杀猪卖酒的，想建功立业，但召集不来人。张飞说，来，来，伙计们，都跟我起义吧！没人听他的。跟你起义能弄什么？能弄二斤猪头肉吃，还能有什么？坚决不去。张飞也在寻找一个可以使其出人头地的机会，一听刘备是汉室宗亲，招牌响亮，比我那个什么什么猪肉铺响亮多了。好，我跟你了。所以张飞说："吾颇有资财，当招募乡勇，与公同举大事，如何？"说大哥我有钱，你有招牌，我跟你混，咱俩合作，强强联合，行吗？

其实属于弱弱联合，非常弱的。

没有人知道刘备的汉室宗亲身份是真是假。汉末天下大乱，群雄并起,说好听点叫群雄并起,说不好听点叫各立山头,谁有能耐就抢块土地,谁有能耐就招兵买马。刘备光杆一个,司令都不是,只是卖草鞋的。但是他就打着自己的金字招牌,冠冕堂皇地说自己是汉室宗亲,到处忽悠。张飞说这个招牌确实比较亮,不管是真是假,但你毕竟有一个上市公司这个壳子,我跟你了。

接着正饮酒的时候又看见一位,这个更高,身长九尺,比张飞还高。胡子有二尺长,长得还帅,"相貌堂堂,威风凛凛"。玄德想我要起兵的话,光有个屠宰场的经理还不够,还得招募点人,一看这哥们体格更好,更与众不同,叫过来一起坐。然后问,你谁啊?大汉说:"吾姓关,名羽,字长生。"开始关羽叫关长生,后来改名叫云长。"因本处势豪,倚势凌人,被吾杀了;逃难江湖,五六年矣。"关羽是一个侠客,又是一个杀人在逃犯,是官府 A 级通缉犯。如果在法治社会,纵使有贪官污吏,你也不能用私刑,不能让侠客来把他们杀掉。但是在乱世当中,找不到青天大老爷,明君也没有,怎么办呢?老百姓就喜欢侠客了。所以这样的土豪劣绅、贪官污吏杀了才好。但是杀完之后必然要受追责的,于是关羽逃跑了,亡命天涯。

关羽本来是个杀人在逃犯,这时候又遇到了刘备。于是刘备又告诉他,我是汉室宗亲,我姓刘,国姓。你跟着我,咱们一起干得了。关羽如果想出人头地也只能从军,一听刘备的招牌挺亮,说好,大哥,我跟你了。

然后张飞说"吾庄后有一桃园,花开正盛;明日当于园中祭告天地,我三人结为兄弟,协力同心,然后可图大事。"于是三人桃园结义。之后,大概招募了三百个民兵,相当于现代一个营的兵力。

所以说刘备掘的第一桶金就是关、张二人。关、张二人死心塌地地跟着他,为他将来打下三分之一的江山立下了赫赫战功。

那么关、张为什么死心塌地地跟着刘备呢?包括诸葛亮,为什么那么大的才能,却投靠刘备?以诸葛亮的才干,如果到曹操或孙权那里,他可能成就的功业更大。但是诸葛亮一想,曹操、孙权手下文臣武将众多,我到那里显不出我的本领。刘备这里就关、张两个莽夫,缺一个出谋划策的,我到这里能充分发挥才干。

刘备后来取徐州、娶孙尚香、取西川等,也处处搬出自己的"皇叔"身份。诸葛亮舌战群儒的时候,关羽镇守荆州、关大王独赴单刀会的时候,张飞每次行军打仗的时候,他们也总是亮出刘备的这个招牌。诸葛亮舌战群儒的时候怎么说呢?"我主刘备,乃当朝皇叔,汉室宗亲。"先拿这个压人,你们孙权算什么啊,你们虽然有地盘,但是招牌有我主公亮吗?没有吧。关羽单刀赴会的时候也说,我主刘备,乃汉室宗亲,天下都是老刘家的,我主公姓刘,我占有荆州有什么错啊?张飞每次临阵对敌的时候都说,我主刘备,乃汉室宗亲,怎么怎么样。内心总有这样隐隐的一个思想,我主根正苗红,你们都是草寇。如果汉献帝不当皇帝了,只有我主刘备有资格来当。

实际上汉室宗亲很多,刘表、刘璋,哪一个不是汉室宗亲?哪一个不是一方诸侯?怎么就轮到刘备继承天下?

关羽、张飞、诸葛亮他们死心塌地地打着这块金字招牌四处奔波,全国打了一遭之后打到西蜀来了,说你姓刘我也姓刘,西蜀归你也可以归我,就给自己找了这样一个理由取得了西蜀。

所以说金字招牌的号召力极大。

三 规范制度束人情

很多时候,诚信很难靠语言维持,尤其是面临人情的时候。中国一直是个人情的社会,总会有一些人想拿人情来打破诚信。这就需要严格制度,以制度约束人情。在探春主事期间,探春就以制度来对抗人情。第五十五回"辱亲女愚妾争闲气 欺幼主刁奴蓄险心":

> 刚吃茶时,只见吴新登的媳妇进来回说:"赵姨娘的兄弟赵国基昨日死了。昨日回过太太,太太说知道了,叫回姑娘奶奶来。"说毕,便垂手旁侍,再不言语。彼时来回话者不少,都打听他二人办事如何:若办得妥当,大家则安个畏惧之心;若少

有嫌隙不当之处，不但不畏伏，出二门还要编出许多笑话来取笑。吴新登的媳妇心中已有主意，若是凤姐前，他便早已献勤说出许多主意，又查出许多旧例来任凤姐儿拣择施行。如今他藐视李纨老实，探春是青年的姑娘，所以只说出这一句话来，试他二人有何主见。探春便问李纨。李纨想了一想，便道："前儿袭人的妈死了，听见说赏银四十两。这也赏他四十两罢了。"吴新登家的听了，忙答应了是，接了对牌就走。探春道："你且回来。"吴新登家的只得回来。探春道："你且别支银子。我且问你：那几年老太太屋里的几位老姨奶奶，也有家里的也有外头的这两个分别。家里的若死了人是赏多少，外头的死了人是赏多少，你且说两个我们听听。"一问，吴新登家的便都忘了，忙陪笑回说："这也不是什么大事，赏多少谁还敢争不成？"探春笑道："这话胡闹。依我说，赏一百倒好。若不按例，别说你们笑话，明儿也难见你二奶奶。"吴新登家的笑道："既这么说，我查旧帐去，此时却记不得。"探春笑道："你办事办老了的，还记不得，倒来难我们。你素日回你二奶奶也现查去？若有这道理，凤姐姐还不算利害，也就是算宽厚了！还不快找了来我瞧。再迟一日，不说你们粗心，反象我们没主意了。"吴新登家的满面通红，忙转身出来。众媳妇们都伸舌头。这里又回别的事。

一时，吴家的取了旧帐来。探春看时，两个家里的赏过皆二十两，两个外头的皆赏过四十两。外还有两个外头的，一个赏过一百两，一个赏过六十两。这两笔底下皆有原故：一个是隔省迁父母之柩，外赏六十两，一个是现买葬地，外赏二十两。探春便递与李纨看了。探春便说："给他二十两银子。把这帐留下，我们细看看。"吴新登家的去了。①

在《红楼梦》当中，贾府家大业大，人员众多，事情也比较杂，王熙凤打理荣、宁二府的时候，一个人也是累得够呛，后来病倒了。这时候探春，一个庶出的小姐，还不是嫡出的小姐，来暂时代王熙凤管理家务。王熙凤的娘家势力比较大，而且在老祖宗面前是红人，所以大家忌惮她三分，很多时候她说的大家只能听。但是探春主家的时候，大家总想，你只是一个未出嫁的姑娘，并且还是个庶出的，地位又比较低，我们是不是可以给你穿小鞋，是不是可以打破一些惯例？

因此，赵姨娘的兄弟，亦即探春的亲舅舅死了。吴新登的媳妇进来，按理应该这样回复：翻出账目一看，按照我们贾府的惯例，这样的亲戚去世了，应该拿多少礼钱，告诉探春。结果为了给探春

---

① 曹雪芹、高鹗：《红楼梦》，人民文学出版社，1982，第771~772页。本文所引《红楼梦》原文均出自该本。

穿小鞋，就直接说你亲舅舅死了，后面就不说了。就看你怎么处置。探春就问李纨，李纨说袭人她妈死了，听说赏银四十两，这也赏他四十两吧。惯例是这样的。然后吴新登媳妇听了之后说，行，那我就去了。结果探春把她叫回来说，你什么意思？你回话怎么回一半呢？惯例在那摆着，你不知道吗？你干什么的？是不是欺负我这个新当家的？如何如何的，把吴新登家的一番训斥。

　　探春的母亲赵姨娘过来跟她闹，探春明确指出，我们贾府的规矩就是这样的，任何人不能破例。所以说一旦有规章制度可循的话，那你就可以有效地规避人情。

　　中国人往往习惯打破规章制度，但如果把规章制度明确，那就好办了。比如说年终奖应该怎么发，应该视你给单位做了多少贡献来定，该发五千，还是该发两千，并不因为你是我的小舅子或我的小姨子我就多发给你。如果没有规章制度总按人情来做事就会很难办。

　　探春能够把家打理得好，就是对规章制度把握得好。我不靠人情，因为我没有王熙凤面子大；我也不是老祖宗面前的红人，我本人又是庶出，地位又比较低，所以说一切咱就按规章制度来办。

　　后来大观园进行改革，分产到户，也跟大家商定，定下规矩，大观园里的池塘包给谁，菜地包给谁，水田包给谁，果园包给谁，咱先讲好，你认的话，好，包给你。这些东西明确了，规章制度定下了，这就好办了，否则的话一个说今年这个鱼养得不好，闹了什么病，鱼死了，就少交点吧；另一个说我是你二姨的三兄弟的二舅妈，我长你好几辈呢，能不能少交点果子。这些想都别想。因此，探春——作为一个资历不深的年轻领导，用规章制度来有效地规范人情，使大观园的管理有了一定的进步。

四　不讲诚信酿恶果

信守承诺可以有效收服人心，管理好队伍。但如果不讲诚信的话，则会带来无尽的麻烦，甚至动摇领导的统治地位。在《西游记》中，玉皇大帝就是一个不守信用的典型。玉皇大帝采纳太白金星的馊主意，对孙悟空采取错误的方法，前后政策不一致，在强打和招安之间摇摆不定。对孙悟空所封官爵"弼马温"和"齐天大圣"语焉不详，一个官职极低，一个没有官职和俸禄，最后导致矛盾爆发，给天宫带来一场灾难。

有人说玉皇大帝的地位那么高，在神界、仙界、人间那是最高的，他怎么能不信守承诺呢？这将带来什么后果呢？

这个后果很严重。

孙悟空大闹天宫原因何在呢？

这并不是因为孙悟空的野心有多大，而是他最初被玉帝蒙蔽，玉帝又背信弃义，不信守承诺，所以他才奋起反抗的。

为什么这么讲呢？孙悟空出生的时候，刚从石头里蹦出来，双眼射出两束光直冲九霄，惊动了玉帝。怎么回事，怎么有两束光上来了？哪里的光？千里眼、顺风耳出去看了一看，听了一听，回禀玉帝说，不用惊慌，不用害怕，天地精华产生了那么一个石猴，这个石猴刚蹦出来，喝了人间的水，吃了人间的东西之后，就把那两束光收回去了。玉帝说那就别管他了，我们接着喝酒，唱歌跳舞吧。

孙悟空在凡间过得逍遥自在，也没有任何上天的意思，也没有祸害人间的行为，老老实实当一个妖猴。但是孙悟空从四海龙王那里强要兵器、披挂，又到阴曹地府销了死籍，大闹阎罗殿，被龙王和阎王告上了天庭。

《西游记》第三回"四海千山皆拱伏　九幽十类尽除名"是玉皇大帝的第一个昏着儿。如：

大天尊宣众文武仙卿，问曰："这妖猴是几年产育，何代出身，却就这般有道？"一言未已，班中闪出千里眼、顺风耳道："这猴乃三百年前天产石猴。当时不以为然，不知这几年在何方修炼成仙，降龙伏虎，强销死籍也。"玉帝道："那路神将下界收伏？"言未已，班中闪出太白长庚星，俯伏启奏道："上圣三界中，凡有九窍者，皆可修仙。奈此猴乃天地育成之体，日月孕就之身，他也顶天履地，服露餐霞；今既修成仙道，有降龙伏虎之能，与人何以异哉？臣启陛下，可念生化之慈恩，降一道招安圣旨，把他宣来上界，授他一个大小官职，与他籍名在箓，拘束此间；若受天命，后再升赏；若违天命，就此擒拿。一则不动众劳师，二则收仙有道也。"玉帝闻言甚喜，道："依卿所奏。"即着文曲星官修诏，着太白金星招安。[1]

玉帝说哪路神将下界把这个妖猴收服呢？这时候太白金星闪出来了，跟玉帝一翻启奏，说凡有九窍的，皆可修仙，这个猴子也是这样，我们为什么要收服他呢？费这么大劲干吗？这样，我们"降一道招安圣旨，把他宣上界来，授他一个大小官职，与他籍名在箓，拘束此间；若受天命，后在升赏；若违天命，就此擒拿。一则不动众劳师，二则收仙有道"。这怎么样？太白金星说先把他招到仙界来，无论大小，给他个官，在这里他干得好我们就提拔他，干不好在这里收拾他还省事。整个一馊主意，玉帝还"闻言甚喜"，说好，就这么办了。

第四回"官封弼马心何足　名注齐天意未宁"：

太白金星，领着美猴王，到于灵霄殿外。不等宣诏，直至御前，朝上礼拜。悟空挺身在旁，且不朝礼，但侧耳以听金星

---

[1] 《西游记》，第40页。

启奏。金星奏道:"臣领圣旨,已宣妖仙到了。"玉帝垂帘问曰:"那个是妖仙?"悟空却才躬身答应道:"老孙便是。"仙卿们都大惊失色道:"这个野猴!怎么不拜伏参见,辄敢这等答应道:'老孙便是!'却该死了!该死了!"玉帝传旨道:"那孙悟空乃下界妖仙,初得人身,不知朝礼,且姑恕罪。"众仙卿叫声"谢恩!"猴王却才朝上唱个大喏。玉帝宣文选武选仙卿,看那处少甚官职,着孙悟空去除授。旁边转过武曲星君,启奏道:"天宫里各宫各殿,各方各处,都不少官,只是御马监缺个正堂管事。"玉帝传旨道:"就除他做个'弼马温'罢。"众臣叫谢恩,他也只朝上唱个大喏。玉帝又差木德星官送他去御马监到任……一朝闲暇,众监官都安排酒席,一则与他接风,一则与他贺喜。①

于是太白金星来招安,把这个美猴王孙悟空领到了仙界。首先,孙悟空的本领大不大呢?他的本领还是比较大的。招上天界之后,如果你按照他的本领给他个官职的话,他绝对不是管马的官。但是武曲星君已经说了,天宫各宫各殿,各方各处都不缺官。并且天宫的用人制度是一个萝卜顶一个坑,这个萝卜占了坑之后就永不挪窝。并且各个岗位也绝对不是按照你的本领大小来安排的,否则以孙悟

---

① 《西游记》,第 43~45 页。

空的本领，在仙界授予的官职肯定要远远高过弼马温这个官职的。现在只是御马监缺个管事，于是让他当个弼马温。

孙悟空把这个马养得很好，却没有得到任何肯定或者表扬、奖励。如：

> 正在欢饮之间，猴王忽停杯问曰："我这'弼马温'，是个甚么官衔？"众曰："官名就是此了。"又问："此官是个几品？"众道："没有品从。"猴王道："没品，想是大之极也。"众道："不大，不大，只唤做'未入流'。"猴王道："怎么叫做'未入流'？"众道："末等。这样官儿，最低最小，只可与他看马。似堂尊到任之后，这等殷勤，喂得马肥，只落得道声'好'字；如稍有些尪羸，还要见责；再十分伤损，还要罚赎问罪。"猴王闻此，不觉心头火起，咬牙大怒道："这般藐视老孙！老孙在那花果山，称王称祖，怎么哄我来替他养马？养马者，乃后生小辈，下贱之役，岂是待我的？不做他！不做他！我将去也！"忽喇的一声，把公案推倒，耳中取出宝贝，幌一幌，碗来粗细，一路解数，直打出御马监，径至南天门。众天丁知他受了仙箓，乃是个弼马温，不敢阻当，让他打出天门去了。①

---

① 《西游记》，第45页。

有一天喝酒的时候,孙悟空问手下这些人,我这弼马温是个什么官衔?手下人说,你就是弼马温啊。孙悟空说这是几品啊?我是正处,还是副厅,还是正科?然后众人道,"没有品从"。猴王道,"没品,想是大之极了"。众道,"不大,不大,只唤做'未入流'。"猴王道:"怎么叫做'未入流'?"大家说,你这是最小的官了,你连个公务员级别都不算。你就养好马,养好了,人家来说,不错,给你个好,就不错了。你要养不好还要惩罚你呢。于是猴王生气了,说"老孙在那花果山,称王称祖,怎么哄我来替他养马?养马者,乃后生小辈,下贱之役,岂是待我的?不做他,不做他!我将去也!"于是走了。

为什么说玉皇大帝不守诚信呢?首先武曲星君说御马监少个弼马温,玉帝说那就让他当个弼马温吧。也没有告诉孙悟空要办个工作证,说清他是个什么级别的,月俸多少。玉皇大帝根本没说,孙悟空也不知道,以为做了神仙之后官就大了。如果这次是双方没有沟通明白的话,那我们来看第二次。

孙悟空生气了,回到花果山。然后,托塔李天王带领众神将前来攻打,可又打不过。于是,孙悟空立了一个大旗叫什么呢?"齐天大圣!"实际上,孙悟空什么都不懂,是底下一帮妖怪跟他说的,说美猴王你本领这么大,就做个"齐天大圣"又有什么不可呢?仙界里根本没有"齐天大圣"这个官衔。孙悟空也不懂。孙悟空说,那我就叫"齐天大圣"吧,于是向玉帝要"齐天大圣"的官衔。

玉帝给你啥啊,压根没有这个岗位。

可是玉帝派的天兵天将又打不过,怎么办呢?如:

> 却说那李天王与三太子领着众将,直至灵霄宝殿,启奏道:"臣等奉圣旨出师下界,收伏妖仙孙悟空,不期他神通广大,不能取胜,仍望万岁添兵剿除。"玉帝道:"谅一妖猴,有多少本事,还要添兵?"太子又近前奏道:"望万岁赦臣死罪!那妖猴使一条铁棒,先败了巨灵神,又打伤臣臂膊。洞门外立一竿旗,上书'齐天大圣'四字,道是封他这官职,即便休兵来投;若不是此官,还要打上灵霄宝殿也。"玉帝闻言,惊讶道:"这妖猴何敢这般狂妄!着众将即刻诛之。"正说间,班部中又闪出太白金星,奏道:"那妖猴只知出言,不知大小。欲加兵与他争斗,想一时不能收伏,反又劳师。不若万岁大舍恩慈,还降招安旨意,就教他做个齐天大圣。只是加他个空衔,有官无禄便了。"玉帝道:"怎么唤做'有官无禄'?"金星道:"名是齐天大圣,只不与他事管,不与他俸禄,且养在天壤之间,收他的邪心,使不生狂妄,庶乾坤安靖,海宇得清宁也。"玉帝闻言道:"依卿所奏。"即命降了诏书,仍着金星领去。[①]

---

① 《西游记》,第51页。

第二板块 信:言而有信与号召能力/

"班部中又闪出太白金星","又"字写得好,他又闪出来了,说什么呢?"那妖猴只知出言,不知大小",那猴子没什么文化,一天学没上过,他不知道什么叫齐天大圣,不知道官职大小,"欲加兵与他争斗,想一时不能收伏,反又劳师"。不仅累,而且又打不过,怎么办呢?"不若万岁大舍恩慈,还降招安旨意,就教他做个齐天大圣。"就给他个齐天大圣的名头,并且"只是加他个空衔,有官无禄便了"。那猴子没文化,你就给他个空衔,并且还不给工资,就给他印个名片,就印着"齐天大圣"四个字,其他啥都没有。既不是厅级,也不是处级,工资也不开,这不就完事了嘛。然后玉帝道:"怎么唤做'有官无禄'?"金星道:"名是齐天大圣,只不与他事管,不与他俸禄,且养在天壤之间,收他的邪心,使不生狂妄。"

连玉皇大帝都没听过这官职,更不清楚什么叫"有官无禄"。玉帝也感觉这个主意不怎么样,不像第一次"闻言甚喜"了,但也没有其他更好的办法,只能勉强同意。说那行,就依卿所奏,把孙悟空又招上天来。然后跟孙悟空说,我封你为"齐天大圣",给你建个大圣府,这回可以吧?孙悟空说,这可以。孙悟空还是没弄懂自己什么官级,是正部还是正厅,就知道"齐天大圣"这四个字给我了,还给我了房子。

上天后孙悟空没事干,成天地游游荡荡,跟这位交个朋友,跟那位交个朋友的。别人又跟玉帝启奏,说你养那么一个闲猴,成天晃来晃去的，这不好。怎么办呢？蟠桃园少一个主事，让他管蟠桃园吧。按理说"齐天大圣"的名号是什么意思呢？孙悟空的本意是我跟天齐，我跟你玉帝平起平坐，你玉帝成天在那里喝酒，唱歌，跳舞，让我去种桃树，跟管马有什么区别吗？没什么区别。因此，王母娘娘压根儿没在乎孙悟空，开蟠桃会的时候也不邀请他。于是孙悟空这才闹了蟠桃会，大闹天宫，扰得天庭大乱。

如果孙悟空在第一次被招安到天庭的时候，玉帝就跟他明说，本来你的法力还比较高，但是我们这实在没有位置，只能让你当弼马温了。如果讲清楚，孙悟空也许不会不满意。在第二次招安时，既然你收服不了孙悟空，并给了"齐天大圣"的官衔，按理说级别应该是高到和天齐了，但连俸禄都不给，开个蟠桃会也不请孙悟空，所以说压根儿没把孙悟空当回事儿。这完全是玉皇大帝的昏庸所至。包括这个太白金星，一会儿闪出来说点儿这个，一会儿闪出来说点儿那个，都是欺骗的手段。最后造成的损失更大，蟠桃会被搅了，天兵天将被打了。虽然如来把孙悟空给收服了，但玉皇大帝还得再次宴请如来、观音、二郎神等，再次开个蟠桃会，花的成本更高了。

总之，玉帝因为不守诚信给天界造成了非常严重的后果，并且还给自己留了个尾巴——孙悟空在取经的路上动不动就跑上天来，说：太白金星老儿，你那个童子走丢了；谁谁你家的什么什么的下界为妖了；玉皇大帝，我要搬二十八星宿当救兵……玉皇大帝是不敢不答应的。

所以说,《西游记》看似是一个荒诞不经的神魔故事,但其中透露出深刻的道理。那就是,作为统治者也好,作为领导者也好,你应该信守承诺,否则带来的恶果是无穷的。

第三板块　术：方法运用与管理智慧

作为一个成功的领导者仅仅有"德"和"信"是不够的。光靠品德、光靠信守承诺就能成功吗？自然不能。我们还要采取各种有效的手段，而各种手段的巧妙运用，就是"术"。

"德""信"是内在道德修养的核心价值，"术"恰恰是外在方法的运用。"术"可以理解成方法和技巧，也可以理解成手段和计谋。中国的儒家思想讲"内圣而外王"，《论语》中也有"远人不服，则修文德以来之"的话，什么意思呢？其认为内心修养到一定的高度，四方的少数民族自然就会臣服于我，周边的国家就会臣服于我。但是这种想法更多的是乌托邦，只是一个幻想，真正实际应用的时候不管用，必须运用一定的方法，这就是"术"的成分。

"术"有驭人之术，有保全之术，有取胜之术，有复仇之术，有升官之术，有发财之术，有杀人之术，有救人之术……

四大名著中的"术"比比皆是。我们常说一句话："少不读《西游》，老不读《三国》。"为什么说少不读《西游记》呢？《西游记》是一部游戏之作，少年儿童本来就好玩，如果再看这个游戏小说，他的性格会越来越顽皮；那为什么老不读《三国演义》呢？因为老年人随着年龄的增长，自己的社会阅历已经比较深了，对很多东西看得比较透，而《三国演义》中处处隐藏着计谋和阴谋，老年人本来处事就比较世故了，再读《三国演义》就会变得更加圆滑和奸诈。

在四大名著中，"术"体现出的一些具体案例是形式多样的。

一　怎样念好紧箍咒

《四大名著》中处处体现计谋和阴谋，有很多"术"的运用，光明正大的手段和阴谋诡计二者是交替并用的，甚至是密不可分的。《西游记》中唐僧的取经团队无疑是成功的。大家都知道唐僧软弱无能。虽然他是如来佛的二弟子金蝉子转世，但是因为他已经转世了，不再具备佛界的法力，只是一个肉体凡胎。只是唐僧肉的品质比较高，吃一口就可以长生不老。但在本领方面，唐僧却一无是处。那他怎么能历经九九八十一难，到西天取得真经呢？因为他有四个徒弟保护，还有很多贵人相助，有众多天神庇护。而且，他能够紧密地维护好自己取经的小团体，能够有效地掌控住孙悟空。而能够掌控住手下本领最大的徒弟，也就掌控住了整个团队。为什么呢？因为猪八戒、沙和尚、白龙马都不用自己管，孙悟空就能管了。

而唐僧怎么样掌控住孙悟空的呢？

在各种版本的《西游记》的影视剧中，对于孙悟空的形象，不论怎么改编，是动画的也好，真人版的也好，孙悟空头上的紧箍是必须有的；无论孙悟空怎样的着装，穿铠甲的也好，戴冲天冠的也好，还是穿僧袍的也好，紧箍是必须在的。小说中的紧箍只是一个金圈而已，细得像一条线，并无中间的月牙形状。不知道从什么时候开始，金圈变粗了一些，前面还有一个月牙形，可能是怕观众看不清楚吧。

孙猴子头上的紧箍是怎样戴上去的呢？

《西游记》在第十四回"心猿归正　六贼无踪"里面写道，最初唐僧把孙悟空从五指山下救出，孙猴子并不听他的话，一言不合，就一个筋斗跑去东海龙王那里喝茶去了。如：

那长老只得收拾行李，捎在马上，也不骑马，一只手拄着锡杖，一只手揪着缰绳，凄凄凉凉，往西前进。行不多时，只见山路前面，有一个年高的老母，捧一件绵衣，绵衣上有一顶花帽。三藏见他来得至近，慌忙牵马，立于右侧让行。那老母问道："你是那里来的长老，孤孤凄凄独行于此？"三藏道："弟子乃东土大唐奉圣旨往西天拜活佛求真经者。"老母道："西方佛乃大雷音寺天竺国界，此去有十万八千里路。你这等单人独马，又无个伴侣，又无个徒弟，你如何去得！"三藏道："弟子日前，收得一个徒弟，他性泼凶顽，是我说了他几句，他不受教，遂渺然而去也。"老母道："我有这一领绵布直裰，一顶嵌金花帽。原是我儿子用的。他只做了三日和尚，不幸命短身亡。我才去他寺里，哭了一场，辞了他师父，将这两件衣帽拿来，做个忆念。长老啊，你既有徒弟，我把这衣帽送了你罢。"三藏道："承老母盛赐；但只是我徒弟已走了，不敢领受。"老母道："他那厢去了？"三藏道："我听得呼的一声，他回东去了。"老母道："东边不远，就是我家，想必往我家去了。我那里还有一篇咒儿，唤做'定心真言'；又名做'紧箍儿咒'。你可暗暗的念熟，牢记心头，再莫泄漏一人知道。我去赶上他，叫他还来跟你，你却将此衣帽与他穿戴。他若不服你使唤，你就默念此咒，他再不敢行凶，也再不敢去了。"[1]

于是剩下唐僧一个人，悲悲戚戚地往前走。这时小说中写道：一个年高的老母，捧一件棉衣，棉衣上有一顶花帽。大家都知道这是谁了，这是菩萨变化而成的。然后问他，你为什么一个人去呢？你这等单人独马，又无个伴侣，又无个徒弟，你如何去得！接着唐僧诉苦，说收了一个徒弟，但是他性泼凶顽，脾气太大，我管不住他，一句话不合他就走了。

---

[1] 《西游记》，第 177~178 页。

菩萨说，没关系，我这里有一件衣服，还有一顶花帽。原来是我儿子用的，他只做了三天和尚就死了，现在送你吧。然后唐僧说，我徒弟已经走了，现在已经用不着这些了。菩萨说，"东边不远，就是我家，想必往我家去了。我那里还有一篇咒儿，唤做'定心真言'；又名做'紧箍咒'。你可暗暗的念熟，牢记心头"，然后我去叫他回来。你却将此衣帽与他穿戴，他若不服你使唤，你就默念此咒，他再不敢行凶，也再不敢去了。于是菩萨就把咒言教给了唐三藏。

"出家人不打诳语"，但是此时观音菩萨为了让孙悟空戴上紧箍，竟然撒谎，说是自己的儿子曾经穿戴过的衣帽。高层领导如此做法，让他的下级唐僧也学会了撒谎、欺骗。如：

> 三藏闻言，低头拜谢。那老母化一道金光，回东而去。三藏情知是观音菩萨授此真言，急忙撮土焚香，望东恳恳礼拜。拜罢，收了衣帽，藏在包袱中间，却坐于路旁，诵习那《定心真言》。来回念了几遍，念得烂熟，牢记心胸不题。[①]

接下来观音菩萨化作一道金光走了，唐僧撮土焚香赶紧拜，把紧箍咒念了几遍，牢记心中。孙悟空在东海龙王那里喝完茶之后，

---

① 《西游记》，第178页。

气也消了,一想,我承诺保他西天取经,得兑现承诺啊,否则观音也不会饶过我,于是悟空就回来了。看唐僧自己在路旁闷坐。孙悟空说,师父你在干什么呢?唐僧说,你也不管我,我现在饿了,你去哪了?孙悟空说,我去东海老龙王家讨茶吃了。唐僧不信,说,出家人不要说谎。东海那么远,你这么一会儿就去了东海?然后孙悟空说,我会筋斗云,一个筋斗十万八千里。唐僧基本上是不信的。

唐僧一直教导徒弟出家人不打诳语。但接下来唐僧是如何做的呢?

唐僧说,我饿了。悟空说,我去给你化斋。其实孙悟空此时已经很乖顺了,前面确实是吵架了,但是此时孙悟空已经悔改了。三藏说:"不用化斋。我那包袱里,还有些干粮,是刘太保母亲送的,你去拿钵盂寻一些水来。"行者去解包袱的时候看到几个粗面烧饼,又见那光艳艳的一领棉布直裰,一顶嵌金花帽。悟空说,你这衣服是哪来的?

> 三藏就顺口儿答应道:"是我小时穿戴的。这帽子若戴了,不用教经,就会念经;这衣服若穿了,不用演礼,就会行礼。"[①]

因为前面观音菩萨已经撒谎了,上行下效,唐僧也学会了撒谎,"顺口儿答应",谎话张嘴就来。

---

① 《西游记》,第180页。

行者说，我这一身光毛的，挺丢人的，现在都化成人形了，并总在人世间走，身上却只有一件虎皮裙，怎么办？唐僧说，没关系，给你穿吧，正好我穿着也小了。于是悟空就穿上了，像是比量着自己身体裁的一般，特别合身，又把帽子戴上了。

能不合身吗？特意给你准备的。

唐僧看到他戴上帽子之后，也没吃干粮，就开始念咒。悟空说头疼，唐僧又念了几遍，孙悟空疼得直打滚，抓破了嵌金的花帽。唐僧恐怕他扯断紧箍，住口不念。一不念，悟空就不疼了。"行者一摸，一条金线模样紧紧地勒在上面，取不下，揪不断，已此生了根了。"于是孙悟空把金箍棒拿出来往外撬，唐僧担心撬断了，然后又念。这时候孙悟空才发现，原来是师父捣的鬼，就说师父是不是你弄的？唐僧说，我念的是定心真言，何曾咒你？孙悟空说，你再念一下试试，然后又疼。然后说你别念了，这回确定是你了。

　　三藏道：你今番可听我教诲了？

　　行者道：听教了！

　　唐僧问：你再可无礼了？

　　行者道：不敢了！①

---

① 《西游记》，第180页。

孙悟空虽然嘴里这样说，但是心里不服。他偷偷拽出金箍棒，想要打死唐三藏。唐僧慌忙又念了几遍，孙悟空早已失去了反抗力，这回他才彻底服了。一问，才知道这是观音菩萨给师父的，骗自己戴上的。悟空明白，纵便打死了唐僧，观音菩萨肯定也会念紧箍咒，定然不会饶过自己。因此，心里纵有千般不满、万般不愿，也不敢反抗了，只能乖乖奔西而去。

孙悟空的本领是非常高强的，能够大闹天宫，十万天兵天将都拿他不得，二郎神也只能和他打个平手。最后，二郎神加上哮天犬，加上六个兄弟，再加上太上老君偷袭，才把孙悟空打倒。因此，观音菩萨选定孙悟空为取经人的大徒弟。孙悟空不听话怎么办？这就需要给他戴一个紧箍。但是怎么给他戴上呢？从观音菩萨到唐僧，他们就开始实行欺诈的手段了。

为什么使用欺诈的手段呢？

如果唐僧说，徒弟过来，把这个紧箍戴上。他不可能戴上，打不死你才怪了。于是观音菩萨先变成了老太太教唐僧一些东西。她走了之后，唐僧才知道她是观音菩萨。然后唐僧告诉徒弟，说出家人不要说谎，但是自己撒起谎来脸都不红。那么忠厚老实的唐僧演技特别高，假装在那受苦，说徒儿我饿了，去给我打点水吧，又说我的包里有烧饼，不用化斋，又顺口儿说那个衣服是我小时候穿的，那个衣服可好了，穿上就会行演礼，戴上帽子就会念经。

孙悟空脑袋实,心眼也实,然后就戴上了。

其实,孙悟空自回来之后对唐僧没有半点不恭敬,虽然开始是一生气跑了,但是回来后悔改了。但是你有过这样的前科,领导就担心你再犯,你有过第一次就可能有第二次,于是必须在你犯第二次错误之前把紧箍给你戴上。你表现再好,被抓住了小辫子,如果你以后再有不检点的行为,那就有你好瞧的了。

孙悟空戴上了之后,唐僧得试试效果,结果孙悟空疼得直打滚。这时孙悟空起来要打唐僧,然后唐僧再念,孙悟空就不敢打他了。孙悟空从此死心塌地地保唐僧取经了。

但是孙悟空会甘心吗?西天取经历经十四载,孙悟空中间难道就没有下手的机会?在唐僧念咒之前把他打死不就完事了吗?或者在唐僧睡觉时下手,岂不是很方便?为什么孙悟空没有动手?为什么孙悟空戴上这个紧箍就死心塌地地保师父取经了?

这时候,孙悟空还不知道这个东西摘不掉,他也没有找别人帮忙。但孙悟空表现得死心塌地,在于唐僧和观音菩萨用了欺诈的手段使孙悟空戴上了紧箍,孙悟空担心打死唐僧,观音饶不过自己,从此不敢造次,但这都是表面情况。

最主要的是什么呢?大家看一下这一回的标题——"心猿归正、六贼无踪"。有一种说法是:《西游记》中并没有孙悟空、猪八戒、沙和尚和白龙马这四个徒弟,他们都是唐僧本人内心幻化出来的,四个徒弟修炼的过程就是唐僧本人修心的过程。孙悟空的顽劣、猪八戒的贪色、沙和尚的乱杀、白龙马的不守规矩，都是唐僧取经过程中自己内心的动摇。

有一个词叫"心猿意马"，"心猿"指的就是孙悟空，"意马"指的就是白龙马。"心猿"和"意马"都归正了，唐僧的意志也就坚定了。因此，题目用"心猿归正、六贼无踪"。"六贼"指的是什么呢？佛家讲的"六贼"指身、目、鼻、舌等。肉体享受和内心的思想不坚定，都是六贼。这里与其说孙悟空戴上了紧箍，不如说唐僧将自己的内心信念戴上了紧箍。所以，从此以后，孙悟空能够死心塌地，抖擞精神取经去了。

这就是孙悟空后来为什么没有下手的原因。这是唐僧内心的收心过程。

如果从外在的角度讲，无论观音菩萨也好，还是唐僧也好，不管用了什么不光明的手段，但有效地管住了孙悟空，那后面的事情就好摆平了。

有人说唐僧是一个很好的领导者，但是唐僧不像刘备。刘备是靠德，靠自己的道德水准，他手下有关羽、张飞、赵云等，他靠自己的德来感化兄弟。黎民百姓愿意跟着刘皇叔，吃苦受罪，甚至被杀都跟着他，因为他的道德水准高。

为什么不跟随曹操呢？曹操手下兵强将广，但是曹操的道德水准不高。

那唐僧是靠道德感化孙悟空的吗？不是。唐僧靠的是简单的应用层面，就是靠这个紧箍咒。如果这个紧箍套不成功，后果将非常严重。如果孙悟空能把紧箍摘掉，他绝对会走人。因此，这一招也是险棋，但是唐僧成功了。

唐僧并不是道德水准高，而是在"术"的层面应用得好。

二　坚决维护一把手

在任何单位中，如果你想维护好自己的地位，一定要注意维护好一把手。在中国人的思维习惯中，一把手永远是老大，永远是天。为什么这么讲？中国人一直有明君思想，就是想有一个圣明的皇帝掌管天下，就想着如果明君出现自己应该做什么，从来没有想过自己会为这个圣明的天下做什么，因此，我们一直有个人崇拜的现象。大到国家、小到各个单位都是这样，我们对一把手的绝对的个人权威是深信不疑的。所以，才有某些单位的一把手权大于法、人大于法的情况出现。比如开会时候，领导说，我们民主啊，大家有什么不同的意见都可以提，但实际情况是下属都看一把手的眼色行事，揣摩领导的想法是什么，尽量往上靠，反面的意见则不怎么敢提。

《四大名著》中的一把手比比皆是，诸多下属们如何保证自己的地位，如何维护好一把手的地位，是他们要考虑的主要问题。这方面最典型的就是王熙凤。《红楼梦》中的管理都是世袭的，此时，老祖宗也在，贾赦、贾政等都在，那怎么就轮到二少奶奶王熙凤来管家了呢？即使你老王家也是官二代、富二代，但是这里也轮不到你。但是王熙凤能够把一把手——老太太贾母维护得特别好。这点连贾母的两个儿子贾赦、贾政都做不到。老太太的两个儿子见到母亲都哆嗦，说话也都不如母亲的意。贾政有时候打宝玉，老太太就更生气。因为宝玉是老太太的心肝肉，是领导最喜欢的，这你也敢打，领导能满意吗？你打别人，老太太就不会那么生气，也不会那么心疼。

但是王熙凤这一点做得非常好，从王熙凤一出场就体现出了这一点。王熙凤的出场是伴随着黛玉入贾府而引出的。黛玉来了之后贾母搂着她哭，在老太太心疼的时候，在大家都围着黛玉的时候，王熙凤出场了。《红楼梦》第三回"贾雨村夤缘复旧职　林黛玉抛父进京都"中是这样描写的，王熙凤人未出场，声音先到：

一语未了，只听后院中有人笑声，说："我来迟了，不曾迎接远客！"黛玉纳罕道："这些人个个皆敛声屏气，恭肃严整如此，这来者系谁，这样放诞无礼？"心下想时，只见一群媳妇丫鬟围拥着一个人从后房门进来。这个人打扮与众姑娘不同，彩绣辉煌,恍若神妃仙子:头上戴着金丝八宝攒珠髻,绾着朝阳五凤挂珠钗,项上戴着赤金盘螭璎珞圈;裙边系着豆绿宫绦,双衡比目玫瑰佩;身上穿着缕金百蝶穿花大红洋缎窄裉袄,外罩五彩刻丝石青银鼠褂;下着翡翠撒花洋绉裙。一双丹凤三角眼,两弯柳叶吊梢眉,身量苗条,体格风骚,粉面含春威不露,丹唇未启笑先闻。黛玉连忙起身接见。贾母笑道:"你不认得他,他是我们这里有名的一个泼皮破落户儿,南省俗谓作'辣子',你只叫他'凤辣子'就是了。"[1]

这里写的是"只听后院中有人笑声,说:'我来迟了,不曾迎接远客'"。声音先到了,黛玉就奇怪了,这些人一个个都规规矩矩的,敛声屏气,恭肃严整,这个人是谁?如此放荡无理,嘻嘻哈哈地说我来晚了,未能迎接远客,就这样来了。我们说观察一个人,要先听声音,其次看长相。穿的不用说了,《红楼梦》中各个穿的都是名牌,都是私人定制的。王熙凤的长相是:一双丹凤三角眼,两弯柳叶吊梢眉,身量苗条,体格风骚,粉面含春威不露,丹唇未启笑先闻。王熙凤的长相绝对不同寻常,漂亮中又含着几分威严和杀气。丹凤眼是往上的,还有点儿三角,绝不是那种水汪汪的大眼

---

[1] 《红楼梦》,第40~41页。

睛,像黛玉那种的。柳叶眉是弯的,又有点儿往上吊。这种眉毛和眼睛必然透着一股威严。

但是这样的一个人,在一人之下,众人之上,大家都恭恭敬敬的时候,她是怎么维护老祖宗的呢?黛玉忙起身接见,贾母笑道:"你不认得他,他是我们这里有名的一个泼皮破落户儿,南省俗谓作'辣子',你只叫他'凤辣子'就是了。"在这里,老祖宗开玩笑地介绍着她,表现出老祖宗非常喜欢她。如:

> 黛玉正不知以何称呼,只见众姊妹都忙告诉他道:"这是琏嫂子。"黛玉虽不识,也曾听见母亲说过,大舅贾赦之子贾琏,娶的就是二舅母王氏之内侄女,自幼假充男儿教养的,学名王熙凤。黛玉忙陪笑见礼,以"嫂"呼之。这熙凤携着黛玉的手,上下细细打谅了一回,仍送至贾母身边坐下,因笑道:"天下真有这样标致的人物,我今儿才算见了!况且这通身的气派,竟不象老祖宗的外孙女儿,竟是个嫡亲的孙女,怨不得老祖宗天天口头心头一时不忘。只可怜我这妹妹这样命苦,怎么姑妈偏就去世了!"说着,便用帕拭泪。贾母笑道:"我才好了,你倒来招我。你妹妹远路才来,身子又弱,也才劝住了,快再休提前话。"这熙凤听了,忙转悲为喜道:"正是呢!我一见了妹妹,一心都在他身上了,又是喜欢,又是伤心,竟忘记了老祖

宗。该打,该打!"又忙携黛玉之手,问:"妹妹几岁了?可也上过学?现吃什么药?在这里不要想家,想要什么吃的、什么玩的,只管告诉我;丫头老婆们不好了,也只管告诉我。"一面又问婆子们:"林姑娘的行李东西可搬进来了?带了几个人来?你们赶早打扫两间下房,让他们去歇歇。"①

黛玉当然不能称她为凤辣子了,众姐妹忙告诉她:这是琏嫂子。黛玉早就听说过王熙凤的名头。王熙凤特别会说话,说黛玉这孩子漂亮,长得俊,这哪是老祖宗的外孙女,简直像亲孙女,说得老太太心理非常舒服。老太太本来就对这个孤苦伶仃的外孙女心疼有加,被王熙凤这么一说,心里舒服多了。接下来王熙凤还要装一装:只可怜我这妹妹这样命苦,怎么姑妈偏就去世了!说着,便用手帕擦眼泪。凤姐开始夸老太太最心爱的,老太太肯定不生气,然后又表现自己:姑妈怎么去世了!见风使舵,转的特别快。她的眼泪说来就来,说没立马就没,一般人都做不到这一点。王熙凤对林黛玉表现的关怀远远超过其他任何一个姑娘,原因何在?因为老太太特别关照这个孩子,所以王熙凤对林黛玉非常热情,这就使得老太太更加高兴了。

---

① 《红楼梦》,第41~42页。

王熙凤所做的很多事情都表现出她对老太太的维护，不管她对下面的人如何的狠毒，但是她对老太太是坚决维护的，绝对的报喜不报忧。在《红楼梦》第四十四回"变生不测凤姐泼醋　喜出望外平儿理妆"一回中，在王熙凤过生日的时候，老公贾琏和鲍二的老婆偷情，王熙凤披头散发地去找老太太告状，但当她感觉老太太不给自己撑腰的时候，她就不敢闹了。此时王熙凤是占理的，但是一看老太太不支持自己，她就立马收敛，不敢再闹了。

这就是王熙凤在贾家的地位屹立不倒的真正原因。当然，王熙凤的日常管理工作也体现了她的一部分才能，但是最主要的原因乃是她对一把手的力挺，这才是核心所在。

三　宝贝胜过通身技

什么是宝贝呢？

我们在讲"术"的层面时，指出光靠口头的溜须拍马是很难长久维护自己的地位的，必须也要有一些真正拿得出手的东西，这东西就是你的"宝贝"。

使用宝贝最多的就是《西游记》。《西游记》里面有很多妖魔鬼怪都吵着要吃唐僧肉，但实际上没有几个敢真的吃唐僧肉的。唐僧的肉是最珍贵的肉，吃一口就可以长生不老。于是妖精们都处心积虑地四处捉拿唐僧,并最终把唐僧捉到了,但是哪个妖精都不敢吃他的肉。妖精自己在洞中边喝着酒,边吃着人的大腿和胳膊,就是不敢动唐僧一根毫毛。既然大家都知道吃一口唐僧肉就可以长生不老,那么唐僧已经在面前了,不管三七二十一,抓过来啃一口不就完事了?他们还等什么呢?妖精吃肉是不管生熟的,但是这些妖精认为吃唐僧肉必须吃熟的。谁说吃唐僧肉必须吃熟的才有疗效呢?但是他们一定要吃熟的,还要洗洗、涮涮、清清肠,挂到后洞晾几天。唐僧肉到底怎样吃才能美味呢?其实,他们是不敢吃,等着孙悟空四人来救唐僧。为什么呢?因为这些妖怪大多是观音菩萨安排来考验唐僧的,而非真正来吃唐僧肉的。换句话说,这些妖精都是有后台的。

《西游记》中没有后台的妖精都被打死了,有后台的妖精一个都没被打死。

面对这些妖精时,唐僧最初被吓得不得了。大家都要吃我,很害怕。后来唐僧逐渐发现自己死不了,于是开始做妖精的思想工作,做其他同样被俘虏的普通人的思想工作。一看还有一位哭哭啼啼的女施主在这里被绑着,唐僧就对女施主说,不要惊慌,我的大徒弟会来救我的。然后跟妖精说,你别吃我了,前面那么多个妖精想吃我都没有吃着,我的徒弟孙悟空你知道吧?你放我走吧,要不然我那几个徒弟来了,会伤你性命的。

当孙悟空历尽艰险,搬来无数救兵,终于打败妖精的时候,妖精的后台就都出现了。一旦妖精被降服、大圣抡起金箍棒的时候,空中马上会有人喊道:大圣——休要伤他的性命,这是我的童子,这是我的坐骑,等等。

按理说这些妖精下界为妖,祸害人无数,纵然不判死刑也活罪难免,但是当主人来了之后,没有一个被处罚,都现出原形后就走了,没有获得任何处罚。临走之前,后台们还不忘向孙悟空要回自己的宝贝。

孙悟空的本领不可谓不高,十万天兵天将都打他不过,四大天王、哪吒,包括二郎神在内,都降他不得。为什么一个小童子、一头狮子、一头牛就把孙悟空打得什么都不是了呢?不是因为这些妖精本领高强,而是因为他们手里都有一件宝贝,这件宝贝是制胜的法宝。

粗略数一下《西游记》中的宝贝,有以下这些:

金角大王的紫金红葫芦、芭蕉扇、宝剑、幌金绳、羊脂玉净瓶,金毛犼的紫金铃,大鹏金翅雕的阴阳二气瓶,玉兔的捣药杵,黄狮精的四明铲,二郎神的三尖两刃刀、弹弓,红孩儿的火尖枪,牛魔王的混铁棍,铁扇公主的芭蕉扇,九头鸟的月牙铲,蝎子精的三股叉、倒马毒桩,独角兕大王的金刚琢,十八罗汉的金丹砂,广目天王的辟火罩,灵吉菩萨的定风丹、飞龙宝杖,弥勒佛的后天袋子

（也叫人种袋），黄眉怪的狼牙棒、金铙，奎木狼的舍利子玲珑内丹，托塔天王的宝塔，哪吒的风火轮、混天绫，等等。

孙悟空的金箍棒当然也是宝贝，但是和那些妖精的宝贝比起来，简直弱爆了！

在《西游记》中，这样的宝贝非常多，孙悟空打不过的不是妖精本身，而是宝贝。动不动金箍棒被收走了，要不就跑了几十里了，妖精大袖子一展，口袋一伸，葫芦一扔，又回来了，前功尽弃。所以齐天大圣打不过有宝贝的妖精，而且这些妖精都是有后台的。后来孙悟空也知道了，他说算了，我不费劲了，观音菩萨当时让我保唐僧取经的时候，许诺我叫天天应、叫地地灵，那我打不过就搬救兵。

孙悟空说如果我搬救兵不在的时候，师父被吃了怎么办？观音菩萨说，没关系，我派六丁六甲五方揭谛四值功曹等神仙暗中保护你师父，放心，不管你走多长时间，你师父肯定没事。孙悟空在迷路的时候亦不需要着急，只要一念咒语土地就出来了，然后告诉他方向。金毛鼠精要和唐僧成亲，孙悟空上天找托塔天王，说那是你女儿，但托塔天王不承认，还把孙悟空捆起来了。后来哪吒三太子说那真是你的干女儿，然后托塔天王说对不起，我给你解开，孙悟空坚决不起来，撒泼打滚。太白金星没好气地跟他说，天上一日，地上一年，你再闹，你师父在人间连小和尚都生出来了，然后他赶紧起来去救他师父。

如果按这个比例算，孙悟空搬救兵到天上至少要走半日，在人间也就是至少半年。在这半年时间里，唐僧还没有被吃掉，还没有被饿死，怎么可能呢？谁给他吃的呢？

妖精都等着急了：大哥你到底来不来啊？我还得好吃好喝的供着你师父。

托塔天王和哪吒三太子开始时被孙悟空打成那模样，可以说他们是不共戴天的对手，但当孙悟空来搬救兵还挨个点名时，没有一个说不的。孙悟空也不欠他们人情，因为这是他们领导答应的，如果欠人情的话也是领导欠他们的。孙悟空对东海龙王和哪吒三太子一个谢字都不说，完事了就说，回去吧。

在《西游记》中，谁是真正敢吃唐僧肉的呢？那就是白骨精。白骨精是《西游记》中最草根的妖精，目的很单一，就是要吃唐僧肉。但她又是没后台的妖精，而且没什么宝贝，所以被孙悟空打死了。

所以你纵有再多的本领，手头没有压箱底儿的宝贝，也不可能成大事，就别嘚瑟了。

四　管理手段多样化

作为领导来讲，针对不同的下属应采用不同的管理手段，如果用一个办法来管理所有下属效果肯定是不好的,也就是说,一种方法用在 A 身上奏效,用在 B 身上不一定奏效。

在团队管理方面,唐僧是比较有心得的。比如对孙悟空,孙悟空的性格比较急,唐僧对他有时候要捧他,有时候还要激他。唐僧除了给孙悟空戴了紧箍咒外,还在不同时期对孙悟空采取不同的管理方法。

孙悟空长得比较难看,当然,另外几个徒弟也不好看。唐僧最初带一个妖精取经,后来带四个妖精:孙悟空、猪八戒、沙和尚和白龙马。在夜间投宿的时候,来到某个庄园前,唐僧去敲门,有老者一开门说:啊,妖精!然后唐僧说,小点儿声,千万不要喊他妖精,那猴子听了会不高兴的。很多老者都有个疑虑,就问长老你长得如此俊俏,干吗带这三个丑八怪?唐僧已经知道徒弟的本领了,于是解释说,不要看我的徒弟丑,但是甚有用处。唐僧后来就吹嘘,说自己的徒弟本领都如何了得,降妖伏魔是家常便饭。某国皇帝就会求助说,我的娘娘被谁抓走了,我的公主怎么怎么样了,希望圣僧帮忙营救。三个徒弟还没有说话呢,唐僧就开始说了,陛下莫心忧,我那三个徒弟个个有万般的本领,让我的徒弟把你的娘娘和公主救回来。唐僧知道自己的徒弟本领高强,虽然自己什么都不会,但是自己的徒弟会,为师脸上有光,这是他从心里到语言上的变化。有时候唐僧被妖精抓住后,他就跟妖精说,我的大徒弟是大闹天宫的齐天大圣,你要放了我,吧啦吧啦讲一通,也是颇有底气的,小小骄傲一把。

但是最初的时候,唐僧也是逐渐摸透徒弟的脾气的,因此使用不同的方法对待几个徒弟。《西游记》第十五回"蛇盘山诸神暗佑　鹰愁涧意马收缰":

> 行者没及奈何,只得回见三藏道:"师父,这个怪被老孙骂将出来,他与我赌斗多时,怯战而走,只躲在水中间,再不出来了。"三藏道:"不知端的可是他吃了我马?"行者道:"你看你说的话!不是他吃了,他还肯出来招声,与老孙犯对?"三藏道:"你前日打虎时,曾说有降龙伏虎的手段,今日如何便不能降他?"原来那猴子吃不得人急他。见三藏抢白了他这一句,他就发起神威道:"不要说!不要说!等我与他再见个上下!"
>
> 这猴王拽开步,跳到涧边,使出那翻江搅海的神通,把一条鹰愁陡涧彻底澄清的水,搅得似那九曲黄河泛涨的波。①

《西游记》第十四回说的是"心猿",第十五回说的是"意马"。孙悟空和小白龙打,小白龙打不过,就躲在水中间,这时候三藏道:不知端的可知他吃了我的马?行者道:废话,不是他吃,他能出来

---

① 《西游记》,第 184~185 页。

吗?这你都不知道。孙悟空对师父说话的语气很不恭敬。唐僧对他更生气,你前几天不是吹嘘能降龙伏虎吗?打虎你打了,降龙你降一个呀?猴子更生气了,"原来那猴子吃不得人急他。见三藏抢白了他这一句,他就发起神威道:'不要说,不要说!等我与他见个上下!'这猴王拽开步,跳到涧边,使出那翻江搅海的神通,把一条鹰愁陡涧彻底澄清的水,搅得似那九曲黄河泛涨的波"。

唐僧觉得猴子对我不恭敬,我更要激你,就是这样的。

孙悟空是可以激的,但是唐僧知道猪八戒没有什么大本领,从来不激他,而且还护短。在《西游记》第三十二回"平顶山功曹传信 莲花洞木母逢灾"中,孙悟空让猪八戒跟他去巡山。猪八戒说,我不去,我没能耐。孙悟空说,放屁还添点儿风呢,大小能起点作用,赶紧和我去。猪八戒说,我不去,我在家照顾师父。孙悟空说,巡山就是让你去看看有没有妖怪,回来告诉一声就行。你要是在家,师父饿了你要给师父弄吃的,师父要上厕所你得陪着去,师父累了,你得给师父按摩。猪八戒一听,算了,这活太多,还是去巡山吧。行者在旁偷着乐。如:

行者在旁,忍不住嘻嘻冷笑。长老骂道:"你这个泼猴!兄弟们全无爱怜之意,常怀嫉妒之心。你做出这样獐智,巧言令色,撺弄他去什么巡山,却又在这里笑他!"行者道:"不是笑他。我这笑中有味。你看猪八戒这一去,决不巡山,也不敢见妖怪,不知往那里去躲闪半会,捏一个谎来,哄我们也。"长老道:"你怎么就晓得他?"行者道:"我估出他是这等。不信,等我跟他去看看,听他一听:一则帮副他手段降妖,二来看他可有个诚心拜佛。"长老道:"好!好!好!你却莫去捉弄他。"①

唐僧此时护短,骂悟空,说你嫉妒你兄弟。大家想,孙悟空嫉妒猪八戒什么,是长得帅,还是本领高?哪一点是?唐僧毫无道理地批评孙悟空。孙悟空说我只是让他去走一遭,他肯定不会巡山,一会儿就跑到哪儿去睡大觉,然后还得撒个谎回来骗我们,说见到妖精了。长老不信,说你怎么就晓得猪八戒跑一边睡觉去了,还撒谎呢?行者说,我猜的,不信我跟着他听一听去。长老道,好,好,好,你快去,别让你二师弟在那受苦,别让他被妖精抓到,然后又告诉他,你却莫去捉弄他。

孙悟空不捉弄他才怪呢。

然后,孙悟空果然看到猪八戒在睡觉呢。

那唐僧为什么不激八戒、沙僧呢?因为师父知道,他们本领不行,激也激不出什么能耐来,还容易被妖怪拿去。从这里可以

---

① 《西游记》,第 403 页。

看出，唐僧对孙悟空和其他几个徒弟，在不同时期采取不同的管理手段。

管理手下的时候，还要"恩威并施"。我们有时候不能一味地怀柔，不能一味地纵容，也不能一味地打压，要恩威并施。有恩，还要有威，对于立功的人应该奖赏，对于犯错的人要坚决地严惩，惩罚分明才能服众。

王熙凤在大观园中持家有方，一方面得益于一把手的坚决支持，另一方面她也能做到恩威并施。她对一些下人该惩罚的时候绝不留情，对大观园中的女孩该照顾的也是照顾有加。比如，她们起诗社的时候，也让王熙凤凑份子钱。王熙凤说，你们就是看我有俩小钱儿嘛，知道我一首诗都不会做，让我参加就是想让我拿钱，没关系，我愿意拿。但是她对手下人呢，比如对焦大，就是那个喝多酒就骂人的焦大，还说太老爷在世的时候都不敢把我怎么样，再怎么样，咱们就白刀子进去红刀子出来，我跟你拼命。《红楼梦》在第七回"送宫花贾琏戏熙凤　宴宁府宝玉会秦钟"中写道：

凤姐道："我何曾不知这焦大。倒是你们没主意，何不打发他远远的庄子上去就完了。"

…………

那焦大那里把贾蓉放在眼里，反大叫起来，赶着贾蓉叫：

"蓉哥儿,你别在焦大跟前使主子性儿。别说你这样儿的,就是你爹、你爷爷,也不敢和焦大挺腰子!不是焦大一个人,你们就做官儿享荣华受富贵?你祖宗九死一生挣下这家业,到如今了,不报我的恩,反和我充起主子来了。不和我说别的还可,若再说别的,咱们红刀子进去白刀子出来!"凤姐在车上说与贾蓉道:"以后还不早打发了这个没王法的东西!留在这里岂不是祸害?倘或亲友知道了,岂不笑话咱们这样的人家,连个王法规矩都没有。"贾蓉答应"是"。①

这时候凤姐和宝玉出来刚要坐车,就和贾蓉说,还不早些打发了这个没王法的东西,留在家里岂不是祸害?亲友知道岂不是笑话咱们这样的人家连个规矩都没有。焦大又骂,说什么养小叔的养小叔,爬灰的爬灰。"爬灰"就是老公公和儿媳妇发生奸情,这里影射的就是秦可卿和他的公公贾珍的奸情,养小叔说的是谁没有明确说。宝玉听了之后问王熙凤什么是"爬灰"?王熙凤说你闭嘴,再说我告诉你父亲,胡说八道,这事不是小孩说的。

为什么老公公和儿媳妇之间有奸情叫"爬灰"呢?民间传说是以前祭祀的时候把锡纸叠成金元宝,在祭祀的时候会烧很大一堆,

---

① 《红楼梦》,118~119页。

因为锡纸不容易燃烧,有时候顶上一层烧完了,底下有没燃烧的。所以卖丧葬用品的小商小贩就偷偷地把底下没燃烧的弄出来再卖。他们先把灰弄掉,把底下的锡纸偷出来。"偷锡"和"偷媳"是谐音,说你偷锡纸就等于偷儿媳妇。但是"偷锡"和"偷媳"太接近了,一下就能听出来。那么偷锡纸之前先把上面的灰给扒掉,才能偷锡。所以用"爬灰"代表偷锡,用偷锡影射偷媳,就这样转了一圈。

听到焦大这样骂之后,宁国府人把焦大按到马厩里,用马粪塞了焦大一嘴。

接下来,在王熙凤管家的时候,《红楼梦》第十四回"林如海捐馆扬州城　贾宝玉路谒北静王"这样写的:

> 来旺媳妇献茶漱口毕,凤姐方起身,别过族中诸人,自入抱厦内来。按名查点,各项人数都已到齐,只有迎送亲客上的一人未到。即命传到,那人已张惶愧惧。凤姐冷笑道:"我说是谁误了,原来是你!你原比他们有体面,所以才不听我的话。"那人道:"小的天天都来的早,只有今儿,醒了觉得早些,因又睡迷了,来迟了一步,求奶奶饶过这次。"正说着,只见荣国府中的王兴媳妇来了,在前探头。
>
> 凤姐且不发放这人,却先问:"王兴媳妇作什么?"王兴媳

妇巴不得先问他完了事，连忙进去说："领牌取线，打车轿网络。"说着，将个帖儿递上去。凤姐命彩明念道："大轿两顶，小轿四顶，车四辆，共用大小络子若干根，用珠儿线若干斤。"凤姐听了，数目相合，便命彩明登记，取荣国府对牌掷下。王兴家的去了。

凤姐方欲说话时，见荣国府的四个执事人进来，都是要支取东西领牌来的。凤姐命彩明要了帖念过，听了一共四件，指两件说道："这两件开销错了，再算清了来取。"说着掷下帖子来。那二人扫兴而去。

凤姐因见张材家的在旁，因问："你有什么事？"张材家的忙取帖儿回说："就是方才车轿围作成，领取裁缝工银若干两。"凤姐听了，便收了帖子，命彩明登记。待王兴家的交过牌，得了买办的回押相符，然后方与张材家的去领。一面又命念那一个，是为宝玉外书房完竣，支买纸料糊裱。凤姐听了，即命收帖儿登记，待张材家的缴清，又发与这人去了。

凤姐便说道："明儿他也睡迷了，后儿我也睡迷了，将来都没了人了。本来要饶你，只是我头一次宽了，下次人就难管，不如现开发的好。"登时放下脸来，喝命："带出去，打二十板子！"一面又掷下宁国府对牌："出去说与来升，革他一月银米！"众人听说，又见凤姐眉立，知是恼了，不敢怠慢，拖人的出去拖人，执牌传谕的忙去传谕。那人身不由己，已拖出去挨了二十大板，还要进来叩谢。凤姐道："明日再有误的，打四十，后日的六十，有要挨打的，只管误！"说着，吩咐："散了罢。"窗外众人听说，方各自执事去了。彼时宁府荣府两处执事领牌交牌的，人来人往不绝，那抱愧被打之人含羞去了，这才知道凤姐利害。众人不敢偷闲，自此兢兢业业，执事保全。不在话下。①

贾府家大人多，诸事繁杂。凤姐处理得头头是道，有条不紊。手下人难免有偷懒、犯错的，想蒙混过关的，凤姐均能明察秋毫。在管家的时候，对下属，比如哪个迟到的话，凤姐冷笑道：我说是谁误了，原来是你！你原比他们有体面，所以才不听我的话。王熙凤是坚决地批评，谁迟到了一律训诫。而且对于犯错的，下重手处罚，打板子毫不留情，杀一儆百，让下人们知道了自己的厉害，才不敢再偷懒耍滑。凤姐年轻，如果不树立自己的威严，自然难以服众。如果一味地严厉，又会缺少支持。

所以王熙凤对手下绝对是毫不留情的，但同时又是恩威并施的。

---

① 《红楼梦》，第190~192页。

五　挖掘人才为己用

21 世纪什么是最珍贵的？是人才。

自古至今什么是最珍贵的？也是人才。

统治者心里都明白这点。刘备手里有关羽、张飞、赵云，孙权手下有张昭、周瑜等，这都是宝贵的财富。曹操手下不用说了，文臣武将众多。有人才固然好，没有人才怎么办？一定去挖人才，去哪里挖呢？如果挖不到这样的奇珍异宝，那挖对手墙脚最好了，我加一，你减一，我涨你消，这是最好的。所以在《水浒传》《三国演义》中，特别流行挖墙脚。

在《水浒传》第六十回"公孙胜芒砀山降魔　晁天王曾头市中箭"中，晁盖去世之后，宋江给他守灵。宋江和吴用琢磨说咱们缺少高级人才，手下的将领虽然有几十名，但是档次大都不够高大上。怎么找到高大上的人才呢？大圆和尚说，我告诉你哪有人才，河北玉麒麟卢俊义是一个高大上的人才。卢员外，有钱，本领又高，为人又好。吴用说，好，就他了。如：

那大圆和尚说道："头领如何不闻河北玉麒麟之名？"宋江、吴用听了，猛然省起，说道："你看我们未老，却怎地忘事！北京城里是有个卢大员外，双名俊义，绰号玉麒麟，是河北三绝。祖居北京人氏，一身好武艺，棍棒天下无对。梁山泊寨中若得此人时，何怕官军缉捕，岂愁兵马来临！"吴用笑道："哥哥何故自丧志气。若要此人上山，有何难哉！"宋江答道："他是北京大名府第一等长者，如何能勾得他来落草？"吴学究道："吴用也在心多时了。不想一向忘却。小生略施小计，便教本人上山。"宋江便道："人称足下为智多星，端的是不枉了，名不虚传。敢问军师用甚计策，赚得本人上山？"[1]

梁山厅无论是叫"聚义厅"还是叫"忠义堂"，都有个"义"字，即兄弟之义非常重要。但是宋江和吴用为了挖得人才，不惜用下三滥的手段。吴用给宋江出主意，说你去请人家，人家根本不来；给钱，人家不缺钱；封官，你本来就是草寇，你封什么官呢？于是他们采取下三滥的手段陷害卢俊义，把卢俊义害得家破人亡，等到卢俊义即将被斩时又把他救了下来。

这是去得及时，晚半步的话，卢俊义早就人头落地了。

挖其他人才也是这样，比如挖徐宁，把徐宁重要的宝贝——铠甲偷来，又用调虎离山之计把徐宁的母亲、老婆都接到山上，表面

---

[1] 《水浒传》，第801页。

第三板块　术：方法运用与管理智慧／

上说我多照顾你,把嫂子都接到山上了,其实就是劫来当人质,这些都是很不义的手段。但是不管他们用什么样的手段,梁山毕竟挖了相当多的人才。

《三国演义》第九十三回"姜伯约归降孔明　武乡侯骂死王朗"也是这样。姜维本领高强,连赵云都拿他不下。《三国演义》描写的赵云只是有勇,但无谋。他不像张飞,张飞还有勇有谋。其实张飞虽然莽撞但粗中有细,立了很多功。孔明一直想选接班人,也非常了解关羽、张飞、赵云的本领,但是他没有在这三个人当中选接班人。孔明发现他们都不是这块料,他们只是将才根本不是帅才。孔明一直想物色一个帅才,后来终于发现姜维本领高强。如:

> 赵云归见孔明,说中了敌人之计。孔明惊问曰:"此是何人,识吾玄机?"有南安人告曰:"此人姓姜,名维,字伯约,天水冀人也;事母至孝,文武双全,智勇足备,真当世之英杰也。"赵云又夸奖姜维枪法,与他人大不同。孔明曰:"吾今欲取天水,不想有此人。"遂起大军前来。[1]

连赵云都夸姜维的枪法好,那他肯定是个人才啊,怎么才能把

---

[1] 《三国演义》,第766~767页。

他弄来呢？于是又采取下三滥的手段，先把姜维的母亲弄来。在小说中是这样写的，姜维的母亲深明大义。如：

> 行不数里，前至一派大树茂林之处，一声喊起，数千兵拥出：为首蜀将关兴，截住去路。维人困马乏，不能抵当，勒回马便走。忽然一辆小车从山坡中转出。其人头戴纶巾，身披鹤氅，手摇羽扇，乃孔明也。孔明唤姜维曰："伯约此时何尚不降？"维寻思良久，前有孔明，后有关兴，又无去路，只得下马投降。孔明慌忙下车而迎，执维手曰："吾自出茅庐以来，遍求贤者，欲传授平生之学，恨未得其人。今遇伯约，吾愿足矣。"维大喜拜谢。①

把姜维的母亲接来，然后跟姜维说你母亲在我这里，又说："吾自出茅庐以来，遍求贤者，欲传授平生之学，恨未得其人。今遇伯约，吾愿足矣。"孔明开始许诺，说你如果归降于我，我就把你定为我的接班人。姜维一半迫于形势，一半受于诱惑，于是投降西蜀。这个人才挖得相当好。他使西蜀在孔明之后得以保全了几十年，要不然孔明一去世，西蜀可能早就完了。

---

① 《三国演义》，第769页。

曹操挖徐庶也是较为典型的，如《三国演义》在第三十六回"玄德用计袭樊城　元直走马荐诸葛"中这样写道：

> 却说曹仁与李典回许都，见曹操，泣拜于地请罪，具言损将折兵之事。操曰："胜负乃军家之常。但不知谁为刘备画策？"曹仁言是单福之计。操曰："单福何人也？"程昱笑曰："此非单福也。此人幼好学击剑；中平末年，尝为人报仇杀人，披发涂面而走，为吏所获；问其姓名不答，吏乃缚于车上，击鼓行于市，令市人识之，虽有识者不敢言，而同伴窃解救之。乃更姓名而逃，折节向学，遍访名师，尝与司马徽谈论。——此人乃颍川徐庶，字元直。单福乃其托名耳。"操曰："徐庶之才，比君何如？"昱曰："十倍于昱。"操曰："惜乎贤士归于刘备！羽翼成矣！奈何？"昱曰："徐庶虽在彼，丞相要用，召来不难。"操曰："安得彼来归？"昱曰："徐庶为人至孝。幼丧其父，止有老母在堂。现今其弟徐康已亡，老母无人侍养。丞相可使人赚其母至许昌，令作书召其子，则徐庶必至矣。"①

曹操也与孔明一样，也是先把徐庶的老母亲弄来。这不但丰富

---

① 《三国演义》，第303页。

了自己的人才库,而且把敌人的墙脚挖来了。徐庶当然不满意了,从此"徐庶进曹营——一言不发",不献任何一计。后来在"赤壁之战"时,徐庶还是献了一策,建议曹操把战船都用铁链连起来,以方便东吴用火攻。

你说,曹操当初何苦挖徐庶呢?

六 冒险得当可成功

很多时候成功并不能四平八稳地得来,也没有那么多的康庄大道可以走。有时看似没有路,甚至只能走一招险棋,但是你不冒险就不能成功,适当的冒险会取得成功。因此,冒险也是很重要的。

最典型的是《三国演义》第九十五回"马谡拒谏失街亭 武侯弹琴退仲达",且看孔明唱空城计:

孔明分拨已定,先引五千兵退去西城县搬运粮草。忽然十余次飞马报到,说:"司马懿引大军十五万,望西城蜂拥而来!"时孔明身边别无大将,只有一班文官,所引五千军,已分一半先运粮草去了,只剩二千五百军在城中。众官听得这个消息,尽皆失色。孔明登城望之,果然尘土冲天,魏兵分两路望西城县杀来。孔明传令,教"将旌旗尽皆隐匿;诸军各守城铺,

第三板块 术:方法运用与管理智慧/

如有妄行出入,及高言大语者,斩之!大开四门,每一门用二十军士,扮作百姓,洒扫街道。如魏兵到时,不可擅动,吾自有计。"孔明乃披鹤氅,戴纶巾,引二小童携琴一张,于城上敌楼前,凭栏而坐,焚香操琴。①

此时孔明被围在城中,兵将就剩下老弱病残了,根本无力抵抗。司马懿只要大军攻城,可轻松拿下。此时,诸葛孔明没有办法了,只能唱一出空城计,大开四门,每一门用二十军士,扮作百姓,洒扫街道,接着自己披鹤氅,戴纶巾,引二小童携琴一张,于城上敌楼前凭栏而坐,焚香操琴。孔明开始装神弄鬼,故作镇静。如:

却说司马懿前军哨到城下,见了如此模样,皆不敢进,急报与司马懿。懿笑而不信,遂止住三军,自飞马远远望之。果见孔明坐于城楼之上,笑容可掬,焚香操琴。左有一童子,手捧宝剑;右有一童子,手执麈尾。城门内外,有二十余百姓,低头洒扫,傍若无人。懿看毕大疑,便到中军,教后军作前军,前军作后军,望北山路而退。次子司马昭曰:"莫非诸葛亮无军,故作此态?父亲何故便退兵?"懿曰:"亮平生谨慎,不曾

---

① 《三国演义》,第789~790页。

弄险。今大开城门，必有埋伏。我兵若进，中其计也。汝辈岂知？宜速退。"于是两路兵尽皆退去。①

司马懿性情多疑，他不敢进城的原因是什么呢？司马懿说，诸葛亮这个人生性谨慎，一生没冒过险。今天大开四门，情况不正常，肯定有埋伏。我若贸然进军，肯定中他的计了。司马懿退兵之后，诸葛亮说，我这招只能用一次，第二次就不好使了。如：

孔明见魏军远去，抚掌而笑。众官无不骇然，乃问孔明曰："司马懿乃魏之名将，今统十五万精兵到此，见了丞相，便速退去，何也？"孔明曰："此人料吾生平谨慎，必不弄险；见如此模样，疑有伏兵，所以退去。吾非行险，盖因不得已而用之。此人必引军投山北小路去也。吾已令兴、苞二人在彼等候。"众皆惊服曰："丞相之机，神鬼莫测。若某等之见，必弃城而走矣。"孔明曰："吾兵止有二千五百，若弃城而走，必不能远遁。得不为司马懿所擒乎？"后人有诗赞曰：

瑶琴三尺胜雄师，诸葛西城退敌时。十五万人回马处，土人指点到今疑。②

---

① 《三国演义》，第790页。
② 《三国演义》，第790~791页。

诸葛亮也知道这种冒险必然是建立在自己前面一生谨慎、用兵不曾冒险的基础之上。

至于司马懿是不是担心"狡兔死，走狗烹；飞鸟尽，良弓藏；敌国破，谋臣亡"，而有意给自己留了一个敌人，故而放了诸葛亮一马，这就只能问问司马仲达先生自己当时是如何想的了。

有人说，冒险能成功，那我就四处下注，四处冒险，处处赌。那你不可能都会赢，肯定会输，也许会输得很惨。孔明此时如果不赌，那必败无疑，生死之际拿命赌一把，如果赌赢了，那就成功了。但是你一切事情都赌是不可以的，所以冒险也要"适当"。

七　联手合作同发展

如果自己不具备强大的本领，就要注意合作的重要性。

诸葛亮未出茅庐的时候，就给刘备定下一个策略，即"东联孙权，北拒曹操"。这是刘备安身立命的关键所在。《三国演义》在第三十八回"定三分隆中决策　战长江孙氏报仇"中写道：

> 孔明曰："自董卓造逆以来，天下豪杰并起。曹操势不及袁绍，而竟能克绍者，非惟天时，抑亦人谋也。今操已拥百万之众，挟天子以令诸侯，此诚不可与争锋。孙权据有江东，已历

三世，国险而民附，此可用为援而不可图也。荆州北据汉、沔，利尽南海，东连吴会，西通巴、蜀，此用武之地，非其主不能守：是殆天所以资将军，将军岂有意乎？益州险塞，沃野千里，天府之国，高祖因之以成帝业；今刘璋暗弱，民殷国富，而不知存恤，智能之士，思得明君。将军既帝室之胄，信义著于四海，总揽英雄，思贤如渴，若跨有荆、益，保其岩阻，西和诸戎，南抚彝、越，外结孙权，内修政理；待天下有变，则命一上将将荆州之兵以向宛、洛，将军身率益州之众以出秦川，百姓有不箪食壶浆以迎将军者乎？诚如是，则大业可成，汉室可兴矣。此亮所以为将军谋者也。惟将军图之。"①

诸葛亮给刘备分析得非常详细：曹操"挟天子以令诸侯"，兵多将广，已经占据了"天时"；孙权也有基业，江东的基业到他这已经三代了，经营得非常好，占据了"地利"，我们只能把孙权当作朋友，不能夺取，所以我们只能取西蜀。刘璋这个人比较昏庸，虽然是刘室宗亲，但是你若不取，他人必取之。刘备坚决不想取西川，他说我不能抢宗族的土地，这与我的"玄德"不符。诸葛亮说，到手的肥肉你不取，别人就会拿去，你不可能成大事的。如：

---

① 《三国演义》，第318页。

言罢，命童子取出画一轴，挂于中堂，指谓玄德曰："此西川五十四州之图也。将军欲成霸业，北让曹操占天时，南让孙权占地利，将军可占人和。先取荆州为家，后即取西川建基业，以成鼎足之势，然后可图中原也。"玄德闻言，避席拱手谢曰："先生之言，顿开茅塞，使备如拨云雾而睹青天。但荆州刘表、益州刘璋，皆汉室宗亲，备安忍夺之？"孔明曰："亮夜观天象，刘表不久人世；刘璋非立业之主；久后必归将军。"玄德闻言，顿首拜谢。只这一席话，乃孔明未出茅庐，已知三分天下，真万古之人不及也！后人有诗赞曰：

"豫州"当日叹孤穷，何幸南阳有卧龙！欲识他年分鼎处，先生笑指画图中。①

诸葛亮告诉刘备一定要西取西川，要占"人和"，东联孙权，北拒曹操，这样的话，我们才能够三分天下，才能够成就霸业。因此，诸葛亮未出茅庐而三分天下。天时、地利、人和三家各占其一。

可以说，孔明为刘备制订了一个非常合理的计划，同东吴联合不但保全了刘备，也保全了东吴。秦国是如何灭掉六国的？就是各

---

① 《三国演义》，第318页。

个击破。如果刘备不与孙权联手，二人都会轻易地被曹操灭掉。因此，在与强大的对手竞争时，在处于下风时，不妨考虑与他人联手，共御强敌。

商场如战场，如何有效地联合朋友，打击对手，是需要仔细思考的问题。

政坛上又何尝不是如此呢？

第四板块　情：人情社会与生存法则

　　四大名著当中贯穿着很多很多的"情"：兄弟之情、父子之情、母女之情、朋友之情、恋人之情……一个"情"字，中国人自古至今永远摆脱不了。

　　有这样一个笑话：孩子办满月，亲戚朋友自然要送红包、平安锁一类的礼物。后来他的爸爸指着这个孩子说，你说你啊，一出生就陷入了"情网"当中。孩子的妈妈说，孩子刚满月，陷什么情网？他的爸爸接着说，我说的是"人情网"。

　　20世纪80年代，在朦胧诗兴盛的时候，有一个朦胧诗人叫顾城，写了一首诗，诗的题目叫《生活》：

生活

网

　　20世纪80年代还有一部电视剧叫《篱笆·女人和狗》，其主题歌中有一句"生活就像一团麻……"的歌词，这些都说明了什么？中国的人情关系、社会关系错综复杂，绝不是单线思维的。生活是一张网，这张网几乎没有明晰的线索、规律可循。生活是一团麻，你解来解去都是疙瘩，但是这些疙瘩彼此之间牵连，又构成了一张永远摆脱不掉的网。

一　编织一张人情网

在四大名著中，很多的领导者充分地运用了这个"情"字，编织了自己的一张人情网，通过这张人情网为自己的事业发展打牢了很好的基础。这张人情网有的时候可以通过金钱，有的时候可以通过权力来构建，有的时候甚至可以通过威胁的手段来构建。但是这些手段都不如你真正地和他交心。和他真正地结成生死之交来得最实际。

最典型的就是《三国演义》当中的刘关张"桃园结义"这个事情。《三国演义》第一回"宴桃园豪杰三结义　斩黄巾英雄首立功"如此描述：

> 正饮间，见一大汉，推着一辆车子，到店门首歇了；入店坐下，便唤酒保："快斟酒来吃，我待赶入城去投军。"玄德看其人：身长九尺，髯长二尺；面如重枣，唇若涂脂；丹凤眼，卧蚕眉：相貌堂堂，威风凛凛。玄德就邀他同坐，叩其姓名。

其人曰:"吾姓关,名羽,字长生,后改云长,河东解良人也。因本处势豪倚势凌人,被吾杀了;逃难江湖,五六年矣。今闻此处招军破贼,特来应募。"玄德遂以己志告之。云长大喜。同到张飞庄上,共议大事。

飞曰:"吾庄后有一桃园,花开正盛;明日当于园中祭告天地,我三人结为兄弟,协力同心,然后可图大事。"玄德、云长齐声应曰:"如此甚好。"次日,于桃园中,备下乌牛白马祭礼等项,三人焚香再拜而说誓曰:"念刘备、关羽、张飞,虽然异姓,既结为兄弟,则同心协力,救困扶危;上报国家,下安黎庶。不求同年同月同日生,只愿同年同月同日死。皇天后土,实鉴此心。背义忘恩,天人共戮!"誓毕,拜玄德为兄,关羽次之,张飞为弟。祭罢天地,复宰牛设酒,聚乡中勇士,得三百余人,就桃园中痛饮一醉。[1]

刘备跟关羽、张飞并没有血缘关系。刘备又是如何结识这两个人的呢?刘备只能打着一块金字招牌说,我是皇亲国戚。关羽、张飞说,你这个招牌亮,我们跟你走,可能会有成就。但是刘备在前期的时候什么都没有,怎么样能够让关羽、张飞死心塌地地跟他走

---

[1] 《三国演义》,第4~5页。

呢？怎么办呢？我跟你们桃园结义，跟你们结成兄弟关系，虽然我们没有任何血缘，但是咱们结为兄弟关系，这样三个人就绑定在一起了。因此，后来一旦刘备处于弱势的时候，甚至生死危亡的时候，关羽、张飞并不是说刘皇叔没什么出息了，我们不能跟着他了，反而说，那是我们的大哥，我们必须要维护这个兄弟情义！

关羽在曹操那里时，曹操待他不可谓不厚，给他的物质东西要远远多于刘备给他的，但曹操就是没有胜过刘备，原因是什么呢？原因是曹操没有和关羽结成这种兄弟之情。在《三国演义》中，关羽对曹操同样是心存感激的，所以在华容道私放曹操。但这个感激是出于对财物的感激，如曹操所给的赤兔马、锦袍、金银财宝等。但曹操并未给关羽兄弟之情，这个关羽是分得很清楚的。

那么赵云呢？他同刘备的关系是怎么建立起来的呢？赵云跟关羽、张飞还不一样，关羽、张飞是刘备起家的时候掘的第一桶金，而赵云则是从公孙瓒那里借的。赵云的武艺比较高强，为刘备欣赏。但刘备跟赵云并没有像关羽、张飞这样再结拜为兄弟，因为结拜过多的话自然会威胁关羽、张飞的地位。怎么样让赵云这样的人才来给自己死心塌地地卖命呢？刘备摔孩子——收买人心！刘备用摔孩子这一事情来收买以赵云为代表的其他没有结拜的人的心。

赵云一看，主公为心疼我都把自己的儿子扔地上了。他感激涕零，捡起孩子，跪下磕头，从此死心塌地地跟着刘备。

第四板块　情：人情社会与生存法则／

桃园结义给我们的启示是什么？中国人讲究血缘，感觉只有有血缘关系才是最亲近的人。在没有血缘关系的情况下，你怎样来维系手下呢？这种结义的形式是一个比较有效的手段。举个最简单的例子，一般在很多企业初创的时候，或者是朋友合伙做生意时，创始人只是朋友关系，然后出的股份又不一样，怎么能保证大家齐心协力地为这个公司来共同出力呢？说哥几个这样吧，咱结为兄弟吧，是兄弟就好办了，因为大家是兄弟，谁也不想坑谁了。因此，这种靠结义的形式来凝聚人心的办法，一般在事业初始阶段是非常行之有效的。但是你们毕竟没有血缘关系，所以一旦公司做大，这个时候必须要明确地划分好大家的责权利，否则就会因分配不均而引起内讧。

比尔·盖茨在 20 世纪中叶创办微软公司的时候，是与自己的一个伙伴保罗·艾伦一起创立的。当微软公司做大之后，这两个人就分道扬镳了，原因是两个人的理念不同。比尔·盖茨说我占公司的大多数股份，我想大力发展软件，这是世界的发展潮流；保罗·艾伦说计算机应该大力发展硬件。于是，俩人就分道扬镳了。

因此，这就存在一个问题，即在没有血缘的时候，在公司成立的初始阶段靠这种兄弟情义容易凝聚人心，容易集中有限的财力，但是在公司做大之后，必须用现代化的管理手段来进行管理。这个时候你靠没有血缘关系的兄弟情义是维持不住的。

桃园结义这个模式为后世很多人所效仿。比如港台片中的黑社会、兄弟会一类的，都是以这种兄弟结盟的形式来巩固自己的统治。兄弟情义并不是不分青红皂白，不分是非曲直，我们也并不提倡这种所谓的江湖义气。

二　凝聚情义靠兄弟

兄弟情义在团队管理当中占有非常重要的意义，这在《水浒传》当中体现得更加明显，如在第十六回"杨志押送金银担　吴用智取生辰纲"中写道：

话说当时公孙胜正在阁儿里对晁盖说："这北京生辰纲是不义之财，取之何碍。"只见一个人从外面抢将入来，揪住公孙胜道："你好大胆！却才商议的事，我都知了也。"那人却是智多星吴学究。晁盖笑道："先生休慌，且请相见。"两个叙礼罢，吴用道："江湖上久闻人说入云龙公孙胜一清大名，不期今日此处得会。"晁盖道："这位秀才先生，便是智多星吴学究。"公孙胜道："吾闻江湖上多人曾说加亮先生大名，岂知缘法却在保正庄上得会贤契。只是保正疏财仗义，以此天下豪杰都投门下。"晁盖道："再有几位相识在里面，一发请进后堂深处见。"

> 三个人入到里面，就与刘唐、三阮都相见了。①

这是梁山好汉集体行事的开始。除了阮氏三兄弟、解珍、解宝等少数几个亲兄弟外，梁山好汉绝大部分都是没有血缘关系的。那么如何把一盘散沙似的诸多好汉集合在一起，并且同心协力地做那打家劫舍的勾当、做那杀富济贫的买卖、做那把头拴在腰带上的危险事情呢？靠的就是兄弟情义。从最初的由晁盖、吴用、公孙胜等七个人组成的小团队就能看出来，他们彼此早就互相仰慕，再加上共同的想法，因此很容易结成兄弟，共同做事。

在晁盖死了之后，梁山英雄排座次，宋江被尊为大哥。以宋江的本领来看，一个小押司，"精通刀笔"，就是说写公文还是不错的，但在管理方面，他根本没什么经验，长得又不帅，个矮、面黑，靠什么被尊为大哥呢？

可以说靠的是德。

但光靠德也维持不住自己的位置的，肯定有人不服气，想你宋江凭什么当大哥？因为宋江手下有一帮铁杆的弟兄，像以李逵为代表的这些人都尊宋江为大哥，那么就有很多人不吱声了。吴用为宋江出了很多的主意，从而保证了宋江能够坐上大哥的位置。《水浒

---

① 《水浒传》，第 196 页。

传》在第七十一回"忠义堂石碣受天文　梁山泊英雄排座次"中写道：

> 话说宋公明一打东平，两打东昌，回归山寨忠义堂上，计点大小头领共有一百八员，心中大喜，遂对众兄弟道："宋江自从闹了江州，上山之后，皆赖托众弟兄英雄扶助，立我为头。今者共聚得一百八员头领，心中甚喜。自从晁盖哥哥归天之后，但引兵马下山，公然保全。此是上天护佑，非人之能。纵有被掳之人，陷于缧绁，或是中伤回来，且都无事。被擒捉者，俱得天佑，非我等众人之能也。今者一百八人，皆在面前聚会，端的古往今来，实为罕有！如今兵刃到处，杀害生灵，无可禳谢大罪。我心中欲建一罗天大醮，报答天地神明眷佑之恩。一则祈保众兄弟身心安乐；二则惟愿朝廷早降恩光，赦免逆天大罪，众当竭力捐躯，尽忠报国，死而后已；三则上荐晁天王早生仙界，世世生生，再得相见。就行超度横亡恶死，火烧水溺，一应无辜被害之人，俱得善道。我欲行此一事，未知众弟兄意下若何？"众头领都称道："此是善果好事，哥哥主见不差。"
> 　…………
> 　当日公孙胜与那四十八员道众，都在忠义堂上做醮，每日三朝，至第七日满散。宋江要求上天报应，特教公孙胜专拜青

词，奏闻天帝，每日三朝。却好至第七日三更时分，公孙胜在虚皇坛第一层，众道士在第二层，宋江等众头领在第三层，众小头目并将校都在坛下，众皆恳求上苍，务要拜求报应。[①]

为了能够服众，以吴用、李逵为代表的一帮铁杆把宋江送上大哥的位置，但是这个位置并不牢靠。为了让宋江的位置更牢靠，《水浒传》设置天命如此的说法，"众皆恳求上苍，务要拜求报应"，说我们结成兄弟之后老天你一定要给我们大力支持。老天爷说，好，我支持你们，但你们这一百单八个好汉不一样，是三十六天罡、七十二地煞转世的：

> 是夜三更时候，只听得天上一声响，如裂帛相似，正是西北乾方天门上。众人看时，直竖金盘，两头尖，中间阔，又唤做天门开，又唤做天眼开。里面毫光射人眼目，霞彩缭绕，从中间卷出一块火来，如栲栳之形，直滚下虚皇坛来。那团火绕坛滚了一遭，竟攒入正南地下去了。此时天眼已合，众道士下坛来，宋江随即叫人将铁锹锄头掘开泥土，跟寻火块。那地下掘不到三尺深浅，只见一个石碣，正面两侧各有天书文字。有

[①] 《水浒传》，第923~924页。

诗为证：

蕊笈琼书定有无，天门开阖亦糊涂。

滑稽谁造丰亨论？至理昭昭敢厚诬。①

这是什么？这叫天门开，西北乾方天门上，一下子天门开了，又唤作天眼开。接着出来一团火，"那团火绕坛滚了一遭，竟攒入正南地下去了"，然后天眼又合上。天眼一开，一团火下来，钻入地下，大家赶紧拿出锄头、铁锹挖开，不到三尺深浅就挖出一块石碑。石碑上有文字，写了四句诗。接着一看石碑上还有字，字写得还挺难懂，于是一个道士把天书又找了出来，拿天书仔细一译，说道：

当下宋江且教化纸满散。平明，斋众道士，各赠与金帛之物，以充衬资；方才取过石碣看时，上面乃是龙章凤篆蝌蚪之书，人皆不识。众道士内有一人，姓何，法讳玄通，对宋江说道："小道家间祖上留下一册文书，专能辨验天书，那上面自古都是蝌蚪文字，以此贫道善能辨认。译将出来，便知端的。"宋江听了大喜，连忙捧过石碣，教何道士看了，良久说道："此石都是义士大名，镌在上面。侧首一边是'替天行道'四字，一

---

① 《水浒传》，第924~925页。

边是'忠义双全'四字,顶上皆有星辰南北二斗,下面却是尊号。若不见责,当以从头一一数宣。"宋江道:"幸得高士指迷,拜谢不浅!若蒙先生见教,实感大德!唯恐上天见责之言,请勿藏匿,万望尽情剖露,休遗片言。"宋江唤过圣手书生萧让,用黄纸誊写。何道士乃言:"前面有天书三十六行,皆是天罡星;背后也有天书七十二行,皆是地煞星。下面注着众义士的姓名。"观看良久,教萧让从头至后,尽数抄誊。①

说你们这些人都是什么呢?你们都是三十六天罡星和七十二地煞星,在天上就是一起的,现在转世到人间。言外之意是什么?你们在天上就是一起的,到人间你们结成兄弟一定要精诚团结,彼此之间不要争斗。萧让就从头到尾都抄下来,因为很多梁山兄弟还不识字,把这个蝌蚪般的密码给你译出来,跟译电文似的。内容是什么呢?天魁星"呼保义"宋江、天罡星"玉麒麟"卢俊义、天机星"智多星"吴用等,一百单八将各自对应天上的三十六天罡、七十二地煞。

这块石碑把谁列在了第一位呢?宋江。就是以天命的形式确定了宋江的大哥的地位,告诉其他一百零七个兄弟,你们都别有其他

---

① 《水浒传》,第925页。

想法了，是老天让我当大哥的。

那么回过头我们再说，天上有没有天眼，你怎么求得天眼开？天眼怎么就能给你降下石碑？这个石碑比我们现在的神舟飞船回收的精确度高很多。我们要在内蒙古几百平方千米范围内搜索一个返回舱，这可倒好，直接天眼开，掉块石头，转一圈直接能落到水泊梁山大殿西南那个地方，还不是很深，三尺深浅左右，轻易就能够挖出来。

我们有理由怀疑这块石碑是宋江他们早就埋好的，以吴用的智谋绝对想得出来这个手段。比如说陈胜、吴广也是，在起义时担心其他人不听他们的。怎么办呢？抓一条鱼，鱼肚子里一豁开，里边有个条，写的就是陈胜应该当王。大家在哪条鱼肚子里吃出过纸条？我们有理由怀疑这条鱼是陈胜做了手脚的。历史上帝王也好，英雄豪杰也罢，都靠一些神异的东西来证明自己的正统。所以宋江这个也是，否则怎么就那么凑巧地在要排座次时天上能掉下块石碑，上面还有字，这些字还不认识，正好某个得到过宋江赏赐的道士有本天书，把天书拿过来之后就能破译这个密码，破译密码之后才发现老大是宋江。

如果要是这个密码破译出来的老大是卢俊义怎么办？

所以说蒙谁呢！如：

当时何道士辨验天书，教萧让写录出来。读罢，众人看了，俱惊讶不已。宋江与众头领道："鄙猥小吏，原来上应星魁。众多弟兄，也原来都是一会之人。今者上天显应，合当聚义。今已数足，上苍分定位数，为大小二等。天罡、地煞星辰，都已分定次序。众头领各守其位，各休争执，不可逆了天言。"众人皆道："天地之意，物理数定，谁敢违拗！"①

"惊讶不已"四个字说明什么？没想到自己是天上的神仙转世，还是没想到大哥是宋江？反正宋江借此解释道，原来大家都是上应天意，在人间要遵守规矩，已经分定好次序。"各守其位，各休争执"，说明很多兄弟对这个次序是不满意的。宋江靠这个手段忽悠了众兄弟，大家才勉强接受。

宋江当日大设筵宴，亲捧兵符印信，颁布号令：
"诸多大小兄弟，各各管领，悉宜遵守，毋得违误，有伤义气。如有故违不遵者，定依军法治之，决不轻恕。"②

这里强调的是遵守，不要"伤义气"，说明有人不服，容易

---

① 《水浒传》，第928页。
② 《水浒传》，第929页。

内讧。

接下来你看宋江两次招安、征方腊等,死了那么多的兵将,下面有一个反他的吗?没有一个反他的。武松胳膊都掉了一条,后来跟鲁智深他们一看朝廷奸臣太多,觉得再跟下去也没有什么好下场,于是出家了。宋江在临死之前,把李逵叫来,骗李逵喝了毒酒。宋江害死了那么多的兄弟,这叫有兄弟情义吗?自己死还拉两个垫背的。这是为什么呢?靠一封伪造的天书,就把兄弟们都给绑定了。如果谁反宋江这位大哥,谁就是违拗天意!

兄弟情义真的也好,假的也罢,总之,宋江就是靠这个维护住了自己的团队。

三 适当介入私生活

在传统中,中国人一般不是特别讲究隐私权。现代社会提倡保护隐私权,认为个人的事情可以不公开。但是中国古代一般不太注重个人隐私权,个人的很多私事大家都知道,比如说你家几口人,你的孩子上几年级了,你家老人生了什么病等,甚至谁有个情人都能知道。而且中国人很热衷于刺探别人的隐私,最近你老公怎么回事?最近你怎么回事?最近他家孩子又如何了?俗称的"长舌妇"传播消息的速度远快于现代的网络。而且在我们的习惯性思维当中,对你的隐私的关注就等于对你的关心：张姐，你是不是前两天去体检，检查出甲状腺不太好，去没去复查啊？李姐你家孩子高考没考好，明年复读怎么样？等等。对方也不认为这是对自己隐私的一种打探，反而认为这是对自己的关心。领导对下属除了关心工作外，还对你家庭生活、个人生活都关心的话，那是领导对下属的一种体贴。以前哪怕是夫妻吵架了，单位领导亦会到你家里劝架去，总要插手你的家庭生活。人们并不认为这是干涉他们的私人生活，反而会认为这是领导对下属生活的一种关心。

在四大名著中，很多上级领导对下属的个人生活都是关心有加的。《红楼梦》中最有实权的王熙凤，不管哪个姑娘新进大观园，她都非常关心。如林黛玉也好，薛宝钗也罢，大一点儿的姑娘也好，小一点儿的姑娘也罢，只要这些姑娘来到大观园，王熙凤肯定是非常关心的，哪间房子打扫出来给黛玉住，哪家房子给宝钗住，等等。说这个姑娘是姨表亲还是姑表亲，这个要分清楚的，姨表亲的话应该给他一些什么被褥、衣服，每个月给多少银子，姑表亲应该给多少，都要分得清的。如果某个人的家境真的比较困难的话，王熙凤会拿自己的钱给她，或者把自己的棉袄送给她。纵便王熙凤机关算尽太聪明，但是对大观园的女孩儿们，她是从来不算计的。

《三国演义》中的领导对下属生活也是很关心的，即便有时候是假关心。

什么叫假关心呢？

你看曹操挖徐庶、诸葛亮挖姜维时的做法就知道了。他们都是怎么做的呢？你不是不投降嘛，我先把你老母亲接来，然后对老太太说，你看看你儿子本领这么高强，我必须给予重用，我给你做点好衣服，给你弄个好房子，帮你把家里安排妥妥的。回过头对徐庶、姜维说：你看我对你母亲多关心！那是真关心吗？不是的。这是在拿他们的母亲当人质！投不投降？不投降你母亲在我这，后果你自己想。这就是假关心。自古及今战士在冲锋打仗的时候，领导都会说一句话，放心吧，家里肯定给你照顾好好的，从而让你没有后顾之忧，言外之意就是你往前冲吧，即使死了也不要紧，抚恤金我会多给你点。

甚至诸葛亮挥泪斩马谡的时候，也表示了对马谡的关心。诸葛亮说，马谡你违反军纪，不听我的话，你不当道扎营，以至于失了街亭，让我前功尽弃，我要杀你以平众怒。你安心地走吧，你的家小我来给你养着。马谡于是放心地被斩了，也替诸葛亮背了指挥不当的黑锅。

在《水浒传》当中，关心下属的私人生活数宋江做得比较多，也比较表面化。在第四十二回"还道村受三卷天书　宋公明遇九天玄女"当中是让公孙胜回家探母，公孙胜说想家了，好，把你老母亲接来。如：

第四板块　情：人情社会与生存法则／　　　　　131

第三日,又做筵席,庆贺宋江父子完聚。忽然感动公孙胜一个念头,思忆老母在蓟州,离家日久,未知如何。众人饮酒之时,只见公孙胜起身对众头领说道:"感蒙众位豪杰相带贫道许多时,恩同骨肉。只是小道自从跟随着晁头领到山,逐日宴乐,一向不曾还乡。蓟州老母在彼,亦恐我真人本师悬望,欲待回乡省视一遭。暂别众头领,三五个月再回来相见,以满小道之愿,免致老母挂念悬望之心。"晁盖道:"向日已闻先生所言,令堂在北方无人侍奉。今既如此说时,难以阻当。只是不忍分别。虽然要行,只是来日相送。"公孙胜谢了。当日尽醉方散,各自归帐内安歇。次日早,就关下排了筵席,与公孙胜饯行。其日众头领都在关下送路。①

然后李逵也想家了,也想老母亲了,宋江说那你也把你的母亲接来吧。如:

众头领席散,却待上山,只见黑旋风李逵就关下放声大哭起来。宋江连忙问道:"兄弟,你如何烦恼?"李逵哭道:"干鸟气么!这个也去取爷,那个也去望娘,偏铁牛是土掘坑里钻

---

① 《水浒传》,第563页。

出来的!"晁盖便问道:"你如今待要怎地?"李逵道:"我只有一个老娘在家里,我的哥哥又在别人家做长工,如何养得我娘快乐?我要去取他来这里,快乐几时也好。"……李逵焦躁,叫道:"哥哥,你也是个不平心的人!你的爷便要取上山来快活,我的娘由他在村里受苦,兀的不是气破了铁牛的肚子!"宋江道:"兄弟,你不要焦躁。既是要去取娘,只依我三件事,便放你去。"李逵道:"你且说那三件事?"①

宋江一向对李逵比较爱护,允许李逵下山,但又担心他有什么闪失。《水浒传》在第四十三回"假李逵剪径劫单人　黑旋风沂岭杀四虎"写道:

宋江放心不下,对众人说道:"李逵这个兄弟,此去必然有失。不知众兄弟们谁是他乡中人,可与他那里探听个消息?"②

你看,宋江对李逵的事情多么关心啊。众兄弟推荐了朱贵。宋江对朱贵又是千叮咛、万嘱咐,委托朱贵等人照顾李逵。可惜李逵的老母亲在半路上被老虎吃了。

---

① 《水浒传》,第564~565页。
② 《水浒传》,第566页。

宋江对手下的个人婚姻问题亦是特别关心,哪个兄弟想娶媳妇了,那好,我坚决地给你娶媳妇。秦明的老婆被人给杀了,宋江说没关系,你放心,以后我一定给你找一门好亲事。《水浒传》在第三十四回"镇三山大闹青州道　霹雳火夜走瓦砾场"写道:

军士把枪将秦明妻子首级挑起在枪上,教秦明看。秦明是个性急的人,看了浑家首级,气破胸脯,分说不得,只叫得苦屈……宋江在马上欠身道:"总管何不回青州?独自一骑投何处去?"秦明见问,怒气道:"不知是那个天不盖、地不载、该剐的贼,装做我去打了城子,坏了百姓人家房屋,杀害良民,倒结果了我一家老小,闪得我如今有家难奔,有国难投,着我上天无路,入地无门!我若寻见那人时,直打碎这条狼牙棒便罢!"宋江便道:"总管息怒,既然没了夫人,不妨,小人自当与总管做媒。我有个好见识,请总管回去,这里难说,且请到山寨里告禀,一同便往。"秦明只得随顺,再回清风山来。[①]

是谁冒充秦明去攻城?是谁害了秦明一家?
是宋江。

[①] 《水浒传》,第450页。

在这里，宋江不敢正面回答秦明的质疑，只能邀请秦明先回营寨，再答应给他另寻一门婚事。

这算真关心吗？

先设计杀人家老婆，再给另娶一位妻子？

这纯属计谋，纯属假关心。宋江靠着假关心成功策反了秦明。

再看《水浒传》第三十五回"石将军村店寄书　小李广梁山射雁"写的，矮脚虎王英纯粹是一个色鬼，想要霸占刘高的妻子。刚拿住刘高的妻子，结果燕顺说这等淫妇问她则甚？燕顺直接把她给杀了。

你看看兄弟之间为朋友两肋插刀，为了女人要插兄弟两刀。

王矮虎见自己想要的女人被杀了，心中大怒，夺过一把朴刀就要和燕顺拼命。刘高的妻子不是什么好人，留着她就是一个祸害，燕顺杀了有什么不可？可见王英也不是什么善类。如：

> 王矮虎见砍了这妇人，心中大怒，夺过一把朴刀，便要和燕顺交并，宋江等起身来劝住。宋江便道："燕顺杀了这妇人也是。兄弟，你看我这等一力救了他下山，教他夫妻团圆完聚，尚兀自转过脸来叫丈夫害我。贤弟你留在身边，久后有损无益。宋江日后别娶一个好的，教贤弟满意。"燕顺道："兄弟便是这等寻思，不杀了要他何用？久后必被他害了。"王矮虎被众人劝

第四板块　情：人情社会与生存法则／

了，默默无言。燕顺喝叫小喽啰打扫过尸首血迹，且排筵席庆贺。

次日，宋江和黄信主婚，燕顺、王矮虎、郑天寿做媒说合，要花荣把妹子嫁与秦明。一应礼物，都是宋江和燕顺出备。吃了三五日筵席。[1]

这时候宋江他们劝道，这不就是一个女人嘛。宋江日后给你另娶一个好的，包贤弟满意。你不是好色嘛，好，我将来给你娶一个。最后娶了谁呢？扈三娘。漂亮吧，武功高吧，比刘高的媳妇漂亮多了，这时候矮脚虎王英才满意呢。

顺带把花荣的妹子嫁给了秦明，以弥补自己亏欠秦明的人情。

岂止是人情啊？那是秦明家人的性命啊！

宋江为了维护自己的有效管理，所使用的这些手段虽不道义，但是实用。

四 生死之交一碗酒

在现在流行的"四大铁"中有这样一句话："一起扛过枪的"，

---

[1] 《水浒传》，第454页。

即指一起出生入死的战友，就是生死之交。这种生死之交结成的关系的稳定性是远远强过其他三种的。在《水浒传》中，很多兄弟都有过生死之交，一百单八将也并不是铁板一块，他们有几个小团体，有过生死之交的这些兄弟之间的情义是远远超过集体情义的。比如说林冲和鲁智深就是这样。大家知道，没有鲁智深的话，林冲在野猪林早就被结果了，所以说林冲跟鲁智深绝对是生死之交。《水浒传》在第八回"林教头刺配沧州道　鲁智深大闹野猪林"中写道：

> 薛霸腰里解下索子来，把林冲连手带脚和枷紧紧的绑在树上。两个跳将起来，转过身来，拿起水火棍，看着林冲，说道："不是俺要结果你，自是前日来时，有那陆虞候传着高太尉钧旨，教我两个到这里结果你，立等金印回去回话。便多走的几日，也是死数。只今日就这里，倒作成我两个回去快些。休得要怨我弟兄两个，只是上司差遣，不由自己。你须精细着：明年今日是你周年。我等已限定日期，亦要早回话。"林冲见说，泪如雨下，便道："上下！我与你二位，往日无仇，近日无冤。你二位如何救得小人，生死不忘。"董超道："说甚么闲话！救你不得。"薛霸便提起水火棍来，望着林冲脑袋上劈将来。①

---

① 《水浒传》，第119页。

第九回"柴进门招天下客　林冲棒打洪教头"续写：

话说当时薛霸双手举起棍来，望林冲脑袋上便劈下来。说时迟，那时快，薛霸的棍恰举起来，只见松树背后雷鸣也似一声，那条铁禅杖飞将来，把这水火棍一隔，丢去九霄云外，跳出一个胖大和尚来，喝道："洒家在林子里听你多时！"两个公人看那和尚时，穿一领皂布直裰，跨一口戒刀，提起禅杖，轮起来打两个公人。林冲方才闪开眼看时，认得是鲁智深。林冲连忙叫道："师兄，不可下手，我有话说。"智深听得，收住禅杖。两个公人呆了半晌，动掸不得。[①]

鲁智深不但救了林冲性命，而且接受林冲的委托照顾他的家人。这份救命之情、这份生死之交是远甚梁山其他兄弟之情的。

李逵和宋江也是这样，没有李逵的话宋江的脑袋早被砍了。二人之间同样是生死之交。卢俊义为什么当不上大哥？宋江和吴用设奸计陷害卢俊义，把他弄上梁山之后说，你来当大哥。卢俊义想要当，但是李逵他们的眼睛立马就立起来了，你当大哥，你凭啥啊？

卢俊义一看，得，自己手下就一个燕青，干不过他们，我就当

[①] 《水浒传》，第 121 页。

二哥吧。

就这样,大哥的位置必须让宋江来坐。

燕青和卢俊义是主仆关系,但是燕青一次又一次地拼着命去救自己的主人。卢俊义上山之后,在一百单八将中排第二位。按理说燕青跟他的辈分是差一辈的,但是同样位列一百单八将中,二人已经从主仆变成兄弟了。卢俊义说没关系,你每次舍命救我,我认你这个小兄弟,宁可乱了这个辈分。所以说这种生死之交,对于他们这个团队具有重要意义。

还有武松和张青等,他们几个都是生死之交,都属于救过命的。在《水浒传》第十八回"美髯公智稳插翅虎 宋公明私放晁天王"中,宋江救了晁盖;在第二十二回"阎婆大闹郓城县 朱仝义释宋公明"中,朱仝救了宋江;在第二十七回"母夜叉孟州道卖人肉 武都头十字坡遇张青"中,张青救了武松;在第二十八回"武松威震安平镇 施恩义夺快活林"中,张青帮助武松;在第二十九回"施恩重霸孟州道 武松醉打蒋门神"和第三十回"施恩三人死囚牢 武松大闹飞云浦"中,武松帮助施恩;在第四十回"梁山泊好汉劫法场 白龙庙英雄小聚义"和第四十一回"宋江智取无为军 张顺活捉黄文炳"中,梁山众好汉救宋江;在第五十四回"入云龙斗法破高廉 黑旋风探穴救柴进"中,梁山众好汉救柴进;在第六十二回"放冷箭燕青救主 劫法场石秀跳楼"中,梁山众好汉救卢俊义……一场场血肉纷飞的厮杀，都是兄弟们舍生忘死地互相救助，才把梁山兄弟之间的情义越聚越浓。

五　如何选好接班人

很多开国君主打天下的本领很强，但在选择接班人方面实在弱得很，所以打下来的江山很快就易主。所以说选好接班人对于一个国家也好，对于一个团队也罢，都具有至关重要的意义。

综观四大名著，对接班人这一问题大都没有妥善解决好。刘备、孙权选的接班人就都不是很好。刘备是没有办法，就那么一个阿斗，他总不能把皇位让给诸葛亮，得给老刘家。刘备纵然托孤于诸葛亮，但是阿斗实在是扶不起来。曹操感慨"生子当如孙仲谋"，可惜孙权的子孙都不争气。曹操对孙权是夸赞有加，说我要有孙权这样的儿子我高兴坏了。曹操的儿子曹丕、曹植、曹彰，虽然有的有文才，如曹植；有的有武功，如曹彰；有的还有一定的智谋，如曹丕，但是这些才能未能集中于一个人身上。所以曹操最初对立谁为世子一直犹豫不决。如果要有孙权这样的儿子，曹操根本就不用犹豫了。曹操在曹丕与曹植之间选择了长子曹丕，却留下了司马懿这样一个祸根。晁盖把宋江请上梁山亦不知道是福是祸，宋江壮大了梁山也葬送了梁山。贾府人员众多但人才匮乏，凤姐之后无人能撑起将倾的大厦。

唐僧？还需要接班人吗？取一次经就够了，并不需要取第二次。

如果说儿子无能，辅政大臣应该怎么选？

《三国演义》第八十五回"刘先主遗诏托孤儿　诸葛亮安居平五路"记载了先主白帝城托孤：

> 先主泣曰："君才十倍曹丕，必能安邦定国，终定大事。若嗣子可辅，则辅之；如其不才，君可自为成都之主。"孔明听毕，汗流遍体，手足失措，泣拜于地曰："臣安敢不竭股肱之力，尽忠贞之节，继之以死乎！"言讫，叩头流血。先主又请孔明坐于榻上，唤鲁王刘永、梁王刘理近前，分付曰："尔等皆记朕言：朕亡之后，尔兄弟三人，皆以父事丞相，不可怠慢。"言罢，遂命二王同拜孔明。二王拜毕，孔明曰："臣虽肝脑涂地，安能报知遇之恩也！"①

刘备是聪明的，临终时一句"嗣子可辅，则辅之；如其不才，君可自为成都之主"，明确告诉孔明，你能耐比我儿子大多了，但你不要有二心，废掉我儿子，自个儿当皇帝。所以孔明"汗流遍体，

---

① 《三国演义》，第 697 页。

手足失措",吓坏了。刘备进而打亲情牌,让三个儿子拜孔明为干爹,"以父事丞相"。这样的话,诸葛亮总不好意思废掉自己的儿子吧?

刘备在这里选了诸葛亮,他的能力确实比较大,辅佐蜀汉几十年,却没能有效地使阿斗成长起来,没能实现权力的过渡。诸葛亮选了姜维,虽然继承了自己的一部分兵书,且姜维的武功又比较高,但姜维独木难支,最高领导亦昏庸无道,听信谗言,所以姜维也只能无可奈何。不过话又说回来了,从诸葛亮到姜维,兵权一直掌握在他们手中,刘禅只是一个傀儡。臣子军权过大对皇权绝对是一个极大的威胁。

曹操是比较奸猾的,自己不当皇帝,把改朝换代的好名声留给自己的儿子,但篡权的恶名也让儿子背着了。然后曹操选了司马懿作为辅政大臣,司马懿可倒好,成了曹家朝廷的掘墓人。司马懿更奸猾,说你曹操会干这事,谋权篡位的罪名你不承担,我也会这招,我也不当皇帝,让我儿子或者孙子当,最后把曹家架空,司马氏篡权曹魏。

孙策为弟弟选的辅政大臣则选得比较成功。因为孙策临终之前孙权还小,孙策决定把自己的位置传给自己的弟弟,于是选择了一文一武两位大臣:文选张昭,武选周瑜。他告诉自己的弟弟"内事不决问张昭,外事不决问周瑜"。周瑜绝对没有任何篡权的思想,张昭也没有，这两位辅政大臣一直忠心耿耿地辅佐幼主，也算成就一方霸业。当然孙权的后代不争气，周瑜死了，张昭也死了，以至于无可奈何。周瑜临死之前又选了鲁肃，这都是选得比较恰当的辅政大臣。

在贾府当中，王熙凤就没有很好的接班人，探春起不到王熙凤在贾府当中的权威作用，贾家的败亡也就不可避免了。

俗话说得好：富不过三代。为什么呢？因为接班人没选好。现在，富二代坑爹的比较多。据统计，富二代坑爹的比例大约能占到四分之一，就是老子打的江山儿子不能有效地把他继承下来，而是败家，在第二代时就能把这个家给败没了。所以说选取接班人至关重要。

第五板块　色：江山美人与看破红尘

提到"色"字，很多读者认为必然是两性组成的，自然就想是不是色情，是不是性等。中国人一直是羞于谈性的，也羞于谈色，所以往往一谈"色"字就把它定义到一个负面的、贬义的层面。实际上，色字的本意绝不是简单的色情。它的含义是变迁的。大家翻阅《现代汉语字典》，就会发现"色"下面的词义至少有十几条，各个方面的都有，如脸色、神色、表情、美好的东西、物品的质量等。如下所举例子：

第一，脸色。《说文解字》："颜气也。"《说文解字》对"色"的解释是"颜气也"，指的是人的神情和气色。

第二，女色，指美貌的女性。指"女色"或者是"色情"方面的还有这样几个含义：首先是指女色。女色最初是指美貌的女性，按现在流行词讲是"女神范"的，达到女神一级的，长得漂亮的。在《尚书·五子之歌》中就有这样的一句话，叫"内作色荒，外作禽荒"，就是说对内的时候和不出去的时候就沉迷于女色，出去时就喜欢游猎、打猎。汉代的孔安国的传就明确地注出："色，指女色。"唐代的孔颖达疏曰："女有美色，男子悦之，经传通谓女人为色。"说男子喜欢这些漂亮的女性。唐代白居易有一首《长恨歌》,其中有"汉皇重色思倾国,御宇多年求不得"。汉皇指的就是唐皇。唐代写诗往往都是以汉代唐的,说"秦时明月汉时关",实际指的都是唐代。那么汉皇指的就是唐皇。"重色思倾国",就是喜欢美貌的女性,"思倾国",倾国倾城,也是指美女的。《论语·学而》也有这样的句子,说"贤贤易色",说的就是如果要娶妻的话,你不应该只看重妻子的外貌,而应该看中妻子的品德。

第三,情欲、性欲。《孟子·告子上》中有这样的一句话:"告子曰:食色,性也;仁,内也;义,外也,非内也。"① 因此大家往往说,你看孟子都说过"食色,性也",吃和性欲这是人最基本的两个需求。但是大家读过全文后就会发现这句话不是孟子说的,而是告子在与孟子进行辩论时所言。告子生平和经历都不可考,只是在《孟子》当中记载了告子和孟子的一番辩论,最后得出的结论从表面上看是孟子获胜了。实际上,我们现在仔细来读《孟子·告子上》,发现告子的很多观点恰恰是孟子驳不倒的。比如,是人之初,性本善,还是人之初,性本恶?告子就说,人性既不善又不恶。孟子说不对,人性善的。实际上,笔者的个人观点更倾向于人性不善不恶。如果一出生就给孩子定性,认为他就是善的或者恶的,这绝

---

① 《孟子今注今译》,第 294 页。

对是不准确的。《列子·立命》也有这样的记载，说"汝寒温不节，虚实失度，病由饥饱色欲"。就是说你的身体总是处于不好的状态，是因为你在饮食方面和情欲方面控制不住自己，这样才造成你身体的状况不佳。

在四大名著中，《红楼梦》充满了男女情欲，《水浒传》不允许男女之间有情欲，《西游记》则一直同情欲做抗争，《三国演义》则主张男女情欲必须服从大局。

第四，佛教用语。佛教把精神领域以外的"五根"（即眼、耳、鼻、舌、身）、"五境"（即色、声、香、味、触）等足以引起质碍、变坏的诸事物称为色。《般若波罗蜜多心经》："色不异空，空不异色。色即是空，空即是色。"

《水浒传》在第四十五回"杨雄醉骂潘巧云　石秀智杀裴如海"中也有这样的一句话，说"原来但凡世上的人情，惟和尚色情最紧"。[①] 这个"色"指的是情欲和性欲这一方面。佛教把精神领域以外的所谓"五根""五境"等，这些足以能够引起人变化、变坏的东西称为"色"。在这里，色是佛教当中的一个用语。

"色"还有很多其他的含义，就不一一罗列了。

[①]　《水浒传》，第600页。

一　巧妙使用美人计

四大名著当中是如何对待两性的，如何对待"色"的？确切点说，四大名著是如何对待女色这个问题的呢？美人计是"三十六计"中著名的一计。四大名著充满了斗争与计谋，所以自然不会放过此计了。美女在古代的战争当中具有重要的意义，因此历史上有很多实行美人计成功的案例。最典型的就是西施。越王勾践把西施送给吴王夫差，成功地实施了美人计，使越国不但复国，还灭掉了吴国。

这是历史上成功地施行美人计的案例。

历史上到底有没有西施这个人呢？这个问题一直存有争议，有人说实有其人，有人说她是虚构的，难有定论。

另外，很多的风流天子爱美人不爱江山，说如果有美人陪伴，江山社稷我都不要。还有很多人拜倒在美女的石榴裙下，因为英雄难过美人关，连英雄都不行，何况我呢？于是就有了"女色祸国""红颜祸水"等词语出现。历史上影响最大的女色祸国的传说当属商朝的妲己。另外，周朝的褒姒也被安上"红颜祸水"的罪名。所以自古以来，人们对美女是既爱又恨的。爱，可谓英雄爱美女。恨呢？说这个美女一旦驾驭不好有可能给自己带来祸端，带来杀身之祸，甚至让自己的江山社稷都败亡在一个女子手里。百万之众不足以服其身，区区一女子却足以败之。可见美女这个力量有多厉害。

在四大名著当中，使用美人计最典型、最成功的当属《三国演义》王允所使的美人计。此计如何使用的？《三国演义》在第八回"王司徒巧使连环计　董太师大闹凤仪亭"中描述道：

> 允跪而言曰："百姓有倒悬之危，君臣有累卵之急，非汝不能救也。贼臣董卓，将欲篡位；朝中文武，无计可施。董卓有一义儿，姓吕，名布，骁勇异常。我观二人皆好色之徒，今欲用'连环计'：先将汝许嫁吕布，后献与董卓；汝于中取便，谍间他父子反颜，令布杀卓，以绝大恶。重扶社稷，再立江山，皆汝之力也。不知汝意若何？"貂蝉曰："妾许大人万死不辞，望即献妾与彼。妾自有道理。"允曰："事若泄漏，我灭门矣。"貂蝉曰："大人勿忧。妾若不报大义，死于万刃之下！"允拜谢。①

董卓专权，荒淫朝政，滥杀无辜，很多大臣皆敢怒不敢言。王允从朝堂上回到家中一直在想：董卓如此专权，怎么才能除掉他呢？

---

① 《三国演义》，第64~65页。

但是自己区区一个文臣根本无力对抗董卓这样的权臣。怎么办呢？王允于是到后花园散步，突然看到一个女子在后花园中祭拜，一看原来是自己家中的歌妓貂蝉。在汉魏时期，很多达官显贵家里有很多歌舞妓，即所谓的家妓，就是自己在家里养一些女子教她唱歌跳舞，然后可以陪客人。

王允一看貂蝉在那里祭拜，就大喝：贱人，你有什么私情吗？貂蝉就跟他说，我没有什么私情，只是因为每天看大人担忧国政，回来都愁眉不展，作为一个下人不能为大人分担忧愁，我内心非常不安，因此我在这里祭拜。王允一看貂蝉长得如此美貌，忽然之间就想到了这条有名的计策"美人计"。于是王允把貂蝉请到屋里，"跪而言曰：'百姓有倒悬之危，君臣有累卵之急，非汝不能救也。'"就是说整个国家像大厦将倾，老百姓几乎都快头朝下了，谁能来解救国家呢？说我们都不行，只有你能解救国家。

貂蝉奇怪，说我区区一个弱女子能有什么能力？

王允跟她说："贼臣董卓，将欲篡位；朝中文武，无计可施。"我们都没有办法。而且董卓手下有一个得力的助手就是吕布，此人勇猛无比。小说对吕布的相貌没有过多的描述，但是有这样一句话，叫"人中吕布，马中赤兔"，就是说吕布不但武功高强，而且在各方面应该都是非常出色的。吕布骁勇异常，董卓又奸诈无比，但是他们两个都有弱点。什么弱点呢？"我观二人皆好色之徒"，董卓跟

第五板块　色：江山美人与看破红尘／　　　　　　　　　　　149

吕布这爷俩都比较好色,所以我准备用一个连环计,先把你嫁给吕布,然后再把你献给董卓,"汝于中取便,谍间他父子反颜,令布杀卓,以绝大恶"。意思是,你在他们两人之间实行反间计,让他们父子反目,最后鼓动吕布杀掉董卓。这样就把董卓除掉了。王允就求貂蝉,说你能不能来实行这条计策,实行这条美人计呢?

貂蝉曰:"妾许大人万死不辞,望即献妾与彼。妾自有道理。"貂蝉说没问题,玩潜伏嘛,我有这个能力。这个小姑娘胆子也大,牺牲我一个解救全天下,绝对没问题。你就把我献过去吧。

王允先是把吕布请到府中喝酒,接着让貂蝉出来见吕布并陪酒,说这是小女貂蝉,许配给将军怎么样?吕布当然喜欢了,对王允感激不尽。

王允接下来又把董卓请到府中,然后让貂蝉出来跳舞、唱歌,董卓立刻被迷住了。王允马上又说,此女献给丞相如何?董卓当然高兴,当晚就直接带走了。

王允将貂蝉许配给吕布时说,过一段时间你再来迎娶。王允得留出时间,让董卓先得手。

吕布自然知道了,来找王允理论。然后王允就开始撒谎,说我本来是把貂蝉许配给你,然后董丞相来了之后说,这好办,你将貂蝉许配给我儿奉先,那我直接把她带回去,择日让他俩完婚。王允说,你得感谢丞相。吕布一听,原来是这么回事,那我错怪你了。

吕布回相府找貂蝉，下人却跟他说，昨晚上丞相跟新人住在一起了。吕布一听火就上来了，本来从王允那听说是领回来之后跟我完婚的，怎么头天晚上你俩住一起了？吕布于是心怀怨恨，但敢怒不敢言。如：

> 董卓自纳貂蝉后，为色所迷，月余不出理事。卓偶染小疾，貂蝉衣不解带，曲意逢迎，卓心愈喜。吕布入内问安，正值卓睡。貂蝉于床后探半身望布，以手指心，又以手指董卓，挥泪不止。布心如碎。卓朦胧双目，见布注视床后，目不转睛；回身一看，见貂蝉立于床后。卓大怒，叱布曰："汝敢戏吾爱姬耶！"唤左右逐出："今后不许入堂。"吕布怨恨而归。①

董卓得到貂蝉后，就被迷住了，一个多月都不出来上班，不出来处理政务。有一次"卓偶染小疾"，就是得了小病，"貂蝉衣不解带，曲意逢迎，卓心愈喜"。貂蝉一定要取得董卓的欢心，于是把他照顾得特别好，衣不解带，显得十分体贴。

吕布到内室请安的时候，正好赶上董卓睡着了。貂蝉此时第一次在相府见到吕布，你看貂蝉怎么做的呢？"貂蝉于床后探半身望

---

① 《三国演义》，第68页。

第五板块　色：江山美人与看破红尘／

布",从床后伸出半个身子看着吕布,然后"以手指心,又以手指董卓,挥泪不止"。貂蝉指指自己心口,又指指董卓,在那哭,演技特别高,绝对是一流的演技。

董卓睡着了,吕布一看,肯定是老奸贼把我的未婚妻霸占了。"布心如碎",吕布心都快碎了,恨不得冲进去把董卓杀了。这时候董卓于半睡半醒之间感觉屋子里有人,一瞅吕布在目不转睛地看着床后。再回头一看,貂蝉在这呢。于是董卓就生气了,然后说"汝敢戏吾爱姬耶!"你怎么敢调戏我的爱姬,调戏我的美人呢?因为董卓并不知道王允已经把貂蝉许配给吕布了,于是骂道:滚出去,从今以后不许再进来。

吕布可谓给董卓立下了赫赫战功,但是就为了这么一件事,二人开始反目成仇。

在董卓上朝的时候,吕布找了个机会,偷偷地跑到内宅来跟貂蝉约会。于是貂蝉跟他约到后花园。如:

> 良久,见貂蝉分花拂柳而来,果然如月宫仙子,——泣谓布曰:"我虽非王司徒亲女,然待之如己出。自见将军,许侍箕帚,妾已生平愿足。谁想太师起不良之心,将妾淫汙,妾恨不即死;止因未与将军一诀,故且忍辱偷生。今幸得见,妾愿毕矣!此身已汙,不得复事英雄;愿死于君前,以明妾志!"言

讫，手攀曲栏，望荷花池便跳。吕布慌忙抱住，泣曰："我知汝心久矣！只恨不能共语！"貂蝉手扯布曰："妾今生不能与君为妻，愿相期于来世。"布曰："我今生不能以汝为妻，非英雄也！"蝉曰："妾度日如年，愿君怜而救之。"布曰："我今偷空而来，恐老贼见疑，必当速去。"蝉牵其衣曰："君如此惧怕老贼，妾身无见天日之期矣！"布立住曰："容我徐图良策。"语罢，提戟欲去。貂蝉曰："妾在深闺，闻将军之名，如雷灌耳，以为当世一人而已；谁想反受他人之制乎！"言讫，泪下如雨。布羞惭满面，重复倚戟，回身搂抱貂蝉，用好言安慰。两个偎偎倚倚，不忍相离。①

在花园，貂蝉又有一番很高超的表演。她跟吕布说：我虽非司徒王允的亲生女儿，但是他待我就像亲生女儿一样。自从见到了将军，我就被许配给将军，我这一辈子的愿望就满足了。接着说，没想到董太师起了歹心，将我淫污。我本来想一死以谢将军，但是因为没见到你，没和你道别，"故忍辱偷生。今幸得见，妾愿毕矣。此身已汙，不得复事英雄；愿死于君前，以明妾志！"今天终于和你见面了，我的愿望实现了，我可以死了。于是貂蝉便往池塘里跳，吕

---

① 《三国演义》，第69页。

布赶紧把貂蝉抱住。

貂蝉说,这辈子我不能做你的妻子了,咱俩来世再约吧。吕布说,那不行,"我今生不能以汝为妻,非英雄也"。就是说,我这辈子如果不娶你为妻的话就不算爷们,不是英雄了。

然后吕布又说,我今天是偷偷来的,怕老贼知道,我得赶紧回去了。

貂蝉一看,反间计施行了一半,吕布内心又比较懦弱,怎么办呢?还得激他一激,不激的话恐怕不能成功。就接着说"君如此惧怕老贼,妾身无见天日之期"。你这么怕这个老贼,我这辈子恐怕别想和你在一起了。

吕布还是不敢,说:"容我徐图良策。"你得让我想一想,我得想个办法。貂蝉一看,还得继续激他,说:"妾在深闺,闻将军之名,如雷灌耳,以为当世一人而已;谁想反受他人制乎!"说我在闺中时就听到你的大名,说你是天下第一,结果你原来如此如此的懦弱。吕布还是不敢,羞得满脸通红,不好意思。于是回来又跟貂蝉解释,既不敢反董卓,又舍不得貂蝉,毫无英雄气概。

正在俩人"偎偎倚倚,不忍相离"的时候,董卓突然发现吕布不在了,说这小子是不是又惦记我的美女貂蝉去了?回家来一找,在后花园看到这个景象,于是董卓就拿吕布的方天画戟追赶着吕布,还要刺死吕布。吕布因为武功比较高,跑得比较快,倒没有伤到。

貂蝉的计策可谓成功了大半，虽然吕布生性懦弱，未敢直接造反，但是她成功地让董卓和吕布父子反目。

接下来在《三国演义》第九回"除凶暴吕布助司徒　犯长安李傕听贾诩"中，在王允等人的鼓动下，吕布决定反水董卓。如：

> 卓进朝，群臣各具朝服，迎谒于道。李肃手执宝剑扶车而行。到北掖门，军兵尽挡在门外，独有御车二十余人同入。董卓遥见王允等各执宝剑立于殿门，惊问肃曰："持剑是何意？"肃不应，推车直入。王允大呼曰："反贼至此，武士何在？"两旁转出百余人，持戟挺槊刺之。卓衷甲不入，伤臂坠车，大呼曰："吾儿奉先何在？"吕布从车后厉声出曰："有诏讨贼！"一戟直刺咽喉，李肃早割头在手。吕布左手持戟，右手怀中取诏，大呼曰："奉诏讨贼臣董卓，其余不问！"将吏皆呼万岁……却说李傕、郭汜、张济、樊稠闻董卓已死，吕布将至，便引了飞熊军连夜奔凉州去了。吕布至郿坞，先取了貂蝉。①

王允等假传圣旨，让董卓进朝，说皇帝将让位于你，由你继承大统。董卓高高兴兴地去了。到宫门口的时候，其他的军兵都被挡

---

① 《三国演义》，第75~76页。

第五板块　色：江山美人与看破红尘／　　　　　　　　　155

在门外，只有亲信贴身保镖二十多人跟进来了。

王允他们拿着宝剑说："反贼至此，武士何在?"准备杀贼。大家拿戟刺董卓，但是董卓身着软甲，扎不进去，只刺伤了胳膊，从车上掉下来了。

董卓此时想起吕布来了，于是大呼曰："吾儿奉先何在?"就说我儿子吕布呢? 吕布从后面绕出来了，说："有诏讨贼。"吕布说我奉圣上的圣旨来讨贼。董卓虽身穿软甲，但是吕布武功比较高，直接拿画戟刺向董卓的咽喉。这个地方没有软甲保护，董卓直接被刺死了。李肃上去就把董卓的头割了下来。

董卓的尸体被扔到街上。因为董卓长得特别胖，看守尸体的士兵就在他肚脐眼上放了一根灯草并点着了。董卓身上油比较多，膏流满地。

在董卓被杀之后，吕布直接到郿坞，干什么去呢? 先去抢了貂蝉。吕布杀董卓不是为天下讨贼，而是要争夺貂蝉。

王允利用貂蝉成功地实行了美人计，虽然最后他也被逼死了，但是他毕竟成功地用一个女子杀掉了董卓，也为后世的美人计留下了经典的案例。

二　英雄要过美人关

都说"英雄难过美人关"，在四大名著当中很多人对女色难以抗拒，恰恰因为难以抗拒，所以说谁能成功地抗拒女色，谁就能成为一世英雄。最典型的就是关羽。关羽为什么能够得到后世景仰？除了他的武功外，更多的是因为大家认为他在道德水准上比较高。这个道德水准也是在小说中逐渐被塑造出来的。

《三国演义》第二十五回"屯土山关公约三事　救白马曹操解重围"是塑造关羽道德楷模的第一次描写。据《三国志》记载，关羽确实是战败被围，然后就投降了，根本没有任何"约三事"的故事。"约三事"是罗贯中为了美化关羽虚构出来的。小说设定关羽的投降是有条件的，这是把关羽神化的第一步。此时关羽的高超武功还没有完全展示，但小说先在道德上把他捧得很高。关羽既有"降汉不降曹"，表示自己对汉家朝廷的忠心，也有要寻找刘备的承诺，表示自己的义气。进而关羽又表现出了自己能够把持自己，不好色的优秀品质。

小说中描写道：

关公收拾车仗，请二嫂上车，亲自护车而行。于路安歇馆驿，操欲乱其君臣之礼，使关公与二嫂共处一室。关公乃秉烛立于户外，自夜达旦，毫无倦色。操见公如此，愈加敬服。既到许昌，操拨一府与关公居住。关公分一宅为两院，内门拨老军十人把守，关公自居外宅。操引关公朝见献帝，帝命为偏将

第五板块　色：江山美人与看破红尘／

军。公谢恩归宅。操次日设大宴，会众谋臣武士，以客礼待关公，延之上座；又备绫锦及金银器皿相送。关公都送与二嫂收贮。关公自到许昌，操待之甚厚：小宴三日，大宴五日；又送美女十人，使侍关公。关公尽送入内门，令伏侍二嫂。却又三日一次于内门外躬身施礼，动问"二嫂安否"。二夫人回问皇叔之事毕，曰"叔叔自便"，关公方敢退回。操闻之，又叹服关公不已。①

屯土山关公约三事是第一步。第二步是在往回走的时候，关公保护两个嫂子上车，"亲自护车而行"。路上夜晚住宿的时候，"操欲乱其君臣之礼，使关公与二嫂共处一室"。曹操琢磨说我怎么才能抓到关羽的小辫子呢，让他乖乖地听我的，必须给他设个计。曹操怎么做的呢？在晚上住宿的时候，曹操就谎称房间不够，只给关羽和两个嫂子安排一个房间，以此来考验关羽。你看你哥哥也不在这，如果你和两个嫂子之间做出什么苟且之事，你的小辫子就被我抓住了。等被我抓住小辫子，你就得乖乖听我的了，让你干啥你就得干啥，不敢提什么条件。

关羽怎么做的呢？"关公乃秉烛立于户外，自夜达旦，毫无倦

---

① 《三国演义》，第214页。

色。"关羽说没问题,两个嫂子住一个房间,自己则拿着蜡烛站在门外,足足站了一夜。

"操见公如此,愈加敬服。"曹操一看关羽这样,就更敬佩关羽了。回来之后,关公被汉献帝封官。曹操又为他大摆筵席,三日一小宴,五日一大宴,"又送美女十人,使侍关公"。关公怎么样呢?把这些美女全都"尽送入内门,令伏侍二嫂"。关羽把她们全都送到内院服侍两个嫂子去了,自己一个不娶,一个不碰。关羽每次去给嫂子请安的时候,都于"内门外躬身施礼,动问'二嫂安否'"。关羽根本不进屋,在门帘外问两个嫂子好不好,睡得怎么样。两个嫂子则问皇叔找没找到,关羽回完之后,两位嫂子就说"叔叔自便"。这时候关羽才回去。

"操闻之,又叹服关公不已。"曹操说,关羽真是一个正人君子啊。因此,关羽在道德层面就越来越高尚。

《三国演义》把关公塑造得如此高大完美,似乎与史实不完全相符,尤其在美色方面,关公似乎不是一个守身如玉的人。据《三国志》记载,关公不但喜欢美女,而且跟曹操争过美女。曹操同刘备共同领军攻打吕布,吕布派手下一个大臣叫秦宜禄的出城求救。关羽听说秦宜禄的妻子杜氏长得特别漂亮,于是就跟曹操多次请求说,我虽有老婆,但我的老婆不能生育,因此我没有儿子。我听说秦宜禄的老婆挺漂亮,这个城攻打下来之后,把他的老婆杜氏给我可以吗？曹操说，行，没问题。一个女人算什么，如果你能立功的话，给你没问题。

结果城攻打下来之后关羽又跟他说，我跟你说的那事，你不是答应我了嘛，秦宜禄的老婆千万别让别人杀了，也别给别人。曹操想，关羽一而再再而三地要杜氏，是不是这个女人真的挺漂亮？我先看看。破城之后，曹操把秦宜禄的老婆抓来，一看，果然国色天香，难怪关公早早地就盯上了。关公你也别要了，"曹操自纳之"。曹操自己就把秦宜禄的老婆留下了。关公特别生气，说你怎么不讲信用，当领导的跟我抢女人，你怎么这么不讲究。于是关羽深恨曹操，而且准备趁曹操打猎的时候把曹操杀掉。

《三国演义》是这样描写这段的。第二十回"曹阿瞒许田打围 董国舅内阁受诏"写道，曹操用汉献帝的弓箭射中猎物，手下士兵一看是皇帝的箭，以为是皇帝所射，于是三呼万岁，曹操驱马向前，接受百官和士兵的祝贺。关羽一看怒了，拿着刀跃马向前想杀曹操，被刘备用手势、眼色制止了。

这是史书与小说当中记载的关羽对待美色的态度。我们不能因为关羽跟曹操抢秦宜禄的老婆就说他好色，但是他绝不像小说当中描写的如此不近女色。如果真像史书描写的这样，关羽不可能被后世封神。所以说小说对史实加以美化，使其更加符合老百姓对这样一个"高大全"人物的心理期待。都说英雄难过美人关，那都不是真英雄，你看看关羽怎么样，轻松过这美人关，这才是真英雄。我们坚决给这样的关羽点赞，于是这样的关羽就被抬上神坛。

《三国演义》中除了关羽之外还有一位不近女色的英雄，他就是赵云。第五十二回"诸葛亮智辞鲁肃　赵子龙计取桂阳"记载了这样一件事：

> 云安民已毕，赵范邀请入衙饮宴。酒至半酣，范复邀云入后堂深处，洗盏更酌。云饮微醉。范忽请出一妇人，与云把酒。子龙见妇人身穿缟素，有倾国倾城之色，乃问范曰："此何人也？"范曰："家嫂樊氏也。"子龙改容敬之。樊氏把盏毕，范令就坐。云辞谢。樊氏辞归后堂。云曰："贤弟何必烦令嫂举杯耶？"范笑曰："中间有个缘故，乞兄勿阻：先兄弃世已三载，家嫂寡居，终非了局，弟常劝其改嫁。嫂曰：'若得三件事兼全之人，我方嫁之：第一要文武双全，名闻天下；第二要相貌堂堂，威仪出众；第三要与家兄同姓。'你道天下那得有这般凑巧的？今尊兄堂堂仪表，名震四海，又与家兄同姓，正合家嫂所言。若不嫌家嫂貌陋，愿陪嫁资，与将军为妻，结累世之亲，如何？"云闻言大怒而起，厉声曰："吾既与汝结为兄弟，汝嫂即吾嫂也，岂可作此乱人伦之事乎！"赵范羞惭满面，答曰："我好意相待，如何这般无礼！"遂目视左右，有相害之意。云

已觉,一拳打倒赵范,径出府门,上马出城去了。①

赵云攻下桂阳之后,守将赵范投降了。赵范投降之后,说赵云将军如此的英勇,我钦佩有加,请你到府中宴饮。"复邀云入后堂深处,洗盏更酌",就是在前面大厅喝得差不多了,接着换个地方,换到自己家的后堂继续再喝。

入后堂之后,"云饮微醉",趁着赵云喝得差不多的时候请出一个妇人,然后"与云把酒"。"子龙见妇人身穿缟素,有倾国倾城之色",赵云看她戴着孝,但是长得特别漂亮,就问这是谁啊?赵范说,这是我嫂子。赵云说那不好意思,咱俩喝酒让你嫂子出来给敬什么酒呢?赵范说,我嫂子已经守寡三年了,我一直劝她改嫁,嫂子坚决不嫁。嫂子提出改嫁要有三个条件:第一"要文武双全,名满天下",即要嫁给英雄;第二还得长得帅,"要相貌堂堂,威仪出众";第三,"要与家兄同姓",就是说必须还得跟赵范的哥哥一个姓,她这一辈子只嫁姓赵的人。

如果这几句话不是赵范自己虚构的,那这三个条件简直就是他嫂子不想改嫁的托词,上哪找这样的人物去,长得又帅,武功又高,还非得姓赵。

---

① 《三国演义》,第 429 页。

无巧不成书，碰到赵云了。赵范一看，说赵云符合我嫂子的条件，那就把嫂子嫁给他吧。赵范说"愿陪嫁资，与将军为妻"，我把嫂子嫁给你，嫁妆我给她出。这样的话咱们结成一个世亲，多好。

结果赵云怎么样？"云闻言大怒而起。"赵云本来都喝的有点儿高了，已经微醉。按理说，往往是酒后乱性，然而赵云此时根本不乱性，直接就生气了，厉声曰："吾既与汝结为兄弟，汝嫂即吾嫂也，岂可作此乱人伦之事乎！"赵范满脸羞愧，说我这热脸贴冷屁股，你竟如此不买账，什么人啊。"我好意相待，如何这般无礼？"赵范就"目视左右，有相害之意"。这事如果传出去我太丢人了，我还是把你杀了吧。赵云感觉到不对，一拳打倒赵范，走人。

赵范感觉很丢人，自己不仅投降了，而且还想把嫂子嫁给刘备的手下大将——赵云，并且还出嫁妆，结果赵云不买账，还打我，还不如反了呢。后来，赵范果然反了，但又被赵云等平定了。

刘备跟孔明来了之后，问怎么闹成这样？赵范就把这事说了，你看看我跟赵云喝酒，又结为兄弟，喝的挺好的。我又想把嫂子嫁给他，结果他不仅不同意，还跟我翻脸。如：

> 玄德与孔明亲赴桂阳。云迎接入城，推赵范于阶下。孔明问之，范备言以嫂许嫁之事。孔明谓云曰："此亦美事，公何如此？"云曰："赵范既与某结为兄弟，今若娶其嫂，惹人唾骂，

第五板块 色：江山美人与看破红尘／　　　　　　　　　163

一也;其妇再嫁,便失大节,二也;赵范初降,其心难测,三也。主公新定江汉,枕席未安,云安敢以一妇人而废主公之大事?"玄德曰:"今日大事已定,与汝娶之,若何?"云曰:"天下女子不少,但恐名誉不立,何患无妻子乎?"玄德曰:"子龙真丈夫也!"遂释赵范,仍令为桂阳太守,重赏赵云。①

孔明说这是挺好的事,赵云你至于如此?赵云说:"赵范既与某结为兄弟,今若娶其嫂,惹人唾骂。"我既然和他结为兄弟,他的嫂子就是我的嫂子,我不能干这乱伦之事,这是第一。"赵范初降,其心难测。"赵范刚投降,先请我喝酒,又送美人,是不是想使用美人计啊,我得提防着,不能上他当,还是小心谨慎点,以大局为重。"主公新定江汉,枕席未安,云安敢以一妇人而废主公之大事?"我不能因为我个人的小事耽误了主公平定天下的大计。

刘备一听,好样的。但是我告诉你,"今大事已定,与汝娶之,若何?"赵云还不干,说"天下女子不少,但恐名誉不立,何患无妻子乎?"天涯何处无芳草,我何必要在桂阳找?我堂堂赵云,何必得这么一个骂名,还娶一个寡妇,又是降将的嫂子,弄得我多不是人,所以坚决不要。刘备说:"子龙真丈夫也!"行,你真爷们,我

---

① 《三国演义》,第430页。

服你了。赵范也是事出有因，于是还令他当桂阳太守。

从这里可以看出，刘备和孔明都认为这不是什么违反原则的事情。孔明也劝他，刘备也劝他，但赵云就是坚决不同意，所以刘备夸"子龙真丈夫也"。仔细琢磨一下，这话含有两层意思，其一是说你真行，不近女色，我们表扬你；其二是说，算什么大事嘛，劝不了你了，我们也不劝了，赏你点钱可以吧。总之，赵云在这里表现得不近女色也使自己的道德水准提升了一个高度。

有不近女色的，就有好女色的。《三国演义》为了表现曹操的奸诈，以及曹操道德水准的低下，把曹操写得很好色。同时，不仅曹操好色，他的儿子也好色，上梁不正下梁歪，上行下效。第三十二回"夺冀州袁尚争锋　决漳河许攸献计"写曹丕：

> 却说操长子曹丕，字子桓，时年十八岁……时操破冀州，丕随父在军中，先领随身军，径投袁绍家，下马拔剑而入。有一将当之曰："丞相有命，诸人不许入绍府。"丕叱退，提剑入后堂。见两个妇人相抱而哭，丕向前欲杀之。正是：四世公侯已成梦，一家骨肉又遭殃。[1]

---

[1] 《三国演义》，第277页。

第三十三回"曹丕乘乱纳甄氏　郭嘉遗计定辽东"继续写道：

　　却说曹丕见二妇人啼哭，拔剑欲斩之。忽见红光满目，遂按剑而问曰："汝何人也？"一妇人告曰："妾乃袁将军之妻刘氏也。"丕曰："此女何人？"刘氏曰："此次男袁熙之妻甄氏也。因熙出镇幽州，甄氏不肯远行，故留于此。"丕拖此女近前，见披发垢面。丕以衫袖拭其面而观之，见甄氏玉肌花貌，有倾国之色，遂对刘氏曰："吾乃曹丞相之子也，愿保汝家。汝勿忧虑。"遂按剑坐于堂上。

　　……操至绍府门下，问曰："谁曾入此门来？"守将对曰："世子在内。"操唤出责之。刘氏出拜曰："非世子不能保全妾家，愿献甄氏为世子执箕帚。"操教唤出甄氏拜于前。操视之曰："真吾儿妇也！"遂令曹丕纳之。①

　　在曹操打败袁绍，进入冀州城之后，曹丕也带领手下冲进城内。曹丕作为曹操的大儿子，按理说应该帮助父亲安顿百姓，加强巡逻等。结果曹丕没这么做，这位十八岁的青年拿着宝剑直入后堂，看见两个妇人啼哭，准备大开杀戒。正要杀这两个女子的时候，忽然

---

① 《三国演义》，第278页。

发现眼前一亮,"红光满目"。曹丕就问,你谁啊?袁绍之妻刘氏跟他说,这是袁熙的妻子甄氏。"丕拖此女近前",一看她头发披散着,满脸都是泥污。于是"丕以衫袖拭其面而观之",曹丕拿袖子给她擦了擦脸,"玉肌花貌,有倾国之色"。曹丕一看,这么漂亮,就许诺道:我是曹丞相的儿子,你要跟我的话我保你全家不死。

曹操来至绍府门前,问谁曾经来了?守将回答:"世子在内。"即你大儿子在里面。曹操把曹丕叫来一顿批评,说你应该四处布防,检查一下,你跑人家内府干什么?结果刘氏(也就是袁绍的妻子)出来跟曹操说,幸得世子保全我们全家,我愿意把儿媳妇甄氏献给世子。这话的意思是,如果曹丕不在这,恐怕乱军就会冲进来把我们都杀掉了。所以说世子保护了我们,我决定把甄氏献给他作为感谢。"操教唤出甄氏拜于前。"曹操说,甄氏长什么样出来让我看看。曹操一看真的挺漂亮,"'真吾儿妇也!'遂令曹丕纳之"。曹操说这就是我儿媳妇,直接就赏给儿子了。曹丕毕竟是自己的亲儿子,不像关羽,只是一个手下部将,所以曹操没好意思跟儿子抢女人。

可见在小说中,曹操、曹丕对待美女的态度,和关羽、赵云比起来,差的不是一星半点了。所以,大家对曹操、曹丕的人品评价都不高,反而对关羽、赵云这样的人物评价颇高。

三 色即是空空即色

佛教把外在一切的诱惑称作"色",尤其在女色方面进行劝诫,"色即是空,空即是色"。如果一味沉迷于女色,不但不会得到想要的结果,而且到头来会发现一切都是一场空而已。

四大名著对美色和情欲更多地持批判态度。

《红楼梦》写男女之情最多,唯独有一位不应该有情欲。她就是妙玉。妙玉虽然是出家人,但她是带发修行,长得又漂亮,品性又那么高洁,应该不涉情欲。妙玉是有洁癖的,被刘姥姥用过的茶杯,她直接告诉丫鬟扔掉。妙玉的身世颇可疑,虽然小说中没有明确说明她家世的显赫程度,但恐怕丝毫不亚于贾府。为什么?因为被丫鬟扔掉的那个茶杯,就是价值不菲的古董。妙玉又拿出很多茶杯请宝玉他们喝茶,宝玉不认识这些茶杯,她就说这样的茶杯你家恐怕寻不出几个来。以贾家之富,这样的茶杯尚且寻不出几个来,可见妙玉家世的显赫富贵。

按理说出家人应该把自己的情欲完全克制住了,但是妙玉克制不住,她对其他人都能克制住,唯独对宝玉克制不住。妙玉将刘姥姥用过的茶杯直接扔掉,但是请宝玉喝茶的时候直接把自己的茶杯递给宝玉,这等亲密举动恐怕非一般关系可比。妙玉的尼姑庵里梅花开的好，谁都不敢去要，宝玉去要不仅能要来，而且给折一个最大的。这些如果还不能说明妙玉内心对宝玉的情欲之火的话，那么看一下《红楼梦》第八十七回"感深秋抚琴悲往事　坐禅寂走火入邪魔"：

> 妙玉听了，忽然把脸一红，也不答言，低了头自看那棋。宝玉自觉造次，连忙陪笑道："倒是出家人比不得我们在家的俗人。头一件心是静的。静则灵，灵则慧。"宝玉尚未说完，只见妙玉微微的把眼一抬，看了宝玉一眼，复又低下头去，那脸上的颜色渐渐的红晕起来。宝玉见他不理，只得讪讪的旁边坐了。惜春还要下子，妙玉半日说道："再下罢。"便起身理理衣裳，重新坐下，痴痴的问着宝玉道："你从何处来？"①

《红楼梦》后四十回是续书，但它延续了前面曹雪芹所写的妙玉对宝玉暗恋的情节，并进一步把它明确化。本来妙玉和惜春正在下棋，宝玉突然蹿出来了，把她俩吓了一跳。然后宝玉就跟妙玉开玩笑。说："妙公轻易不出禅关，今日何缘下凡一走？"开玩笑嘛。结果"妙玉听了，忽然把脸一红，也不答言，低了头自看那棋"。

---

① 《红楼梦》，第 1251 页。

宝玉感觉自己说错话了,赶紧赔礼,说我们俗人比不得你,你看你多静,你心都是静的。宝玉尚未说完,"只见妙玉微微的把眼一抬,看了宝玉一眼,复又低下头去,那脸上的颜色渐渐的红晕起来"。妙玉似一个害羞的小女孩。她看到自己心爱的男人跟自己开玩笑,自己想说又不敢说,虽不敢说但内心波澜起伏,所以说一次抬头看,一次低头,脸都通红。接下来惜春还要下棋,妙玉却停了半天,棋下不去了,心乱了,说:算了,哪天再玩吧。然后她起身整理整理衣裳,又重新坐下。她的衣裳也就是身上的僧袍而已。然后坐下之后,"痴痴的问着宝玉道:'你从何处来?'""痴痴"二字,足见妙玉此时心中的波澜起伏。妙玉的口舌之能丝毫不亚于黛玉的,妙玉的才情也丝毫不亚于大观园中的女孩子,此时见到宝玉却是这样一番窘态。又如:

坐到三更过后,听得房上骨碌碌一片瓦响,妙玉恐有贼来,下了禅床,出到前轩,但见云影横空,月华如水。那时天气尚不很凉,独自一个凭栏站了一回,忽听房上两个猫儿一递一声厮叫。那妙玉忽想起日间宝玉之言,不觉一阵心跳耳热,自己连忙收摄心神,走进禅房,仍到禅床上坐了。怎奈神不守舍,一时如万马奔驰,觉得禅床便恍荡起来,身子已不在庵中。便有许多王孙公子要求娶他,又有些媒婆扯扯拽拽扶他上车,自己不肯去。一回儿又有盗贼劫他,持刀执棍的逼勒,只得哭喊求救。①

妙玉回到自己的禅房之后,开始坐禅,忽然听到外面有声音,她怕有贼,出来一看没有,"独自一个凭栏站了一回,忽听房上两个猫儿一递一声厮叫"。大家都知道猫叫春的声音,很刺耳,对怀春的少女而言更是刺激内心。听到猫叫春,妙玉忽然想起白天跟宝玉的对话,"不觉一阵心跳耳热,自己连忙收慑心神,走进禅房,仍到禅床上坐了"。于是妙玉赶紧劝自己,我出家之人不能动这个凡心的,回来继续修炼。结果一修炼反而走火入魔,"一时如万马奔驰,觉得禅床便恍荡起来,身子已不在庵中。便有许多王孙公子要求娶他",然后又有媒婆来给自己提亲。自己挣扎不想去,就有一些强盗来抢她。结果心一乱,就走火入魔了。其他的僧众赶紧把她救过来,又给她灌汤水,等等,折腾了很长时间。

后面传言出去,外面一些"游头浪子听见了,便造作许多谣言说:'这样年纪,那里忍得住。况且又是很风流的人品,很乖觉的性灵,以后不知飞在谁手里,便宜谁去呢。'"大家一听说小尼姑守不住了,那天晚上还走火入魔了,于是流言蜚语满天飞,到处都传开了。

这还不算,妙玉的结局愈加悲惨。《红楼梦》第一一二回"活

---

① 《红楼梦》,第 1253~1254 页。

第五板块 色:江山美人与看破红尘/ 171

冤孽妙尼遭大劫　死雠仇赵妾赴冥曹"则写妙玉因情欲之火焚身，以至于走火入魔，最后落得个被强盗掳走的悲惨下场。小说中写道：

> 岂知到了五更，寒颤起来。正要叫人，只听见窗外一响，想起昨晚的事，更加害怕，不免叫人。岂知那些婆子都不答应。自己坐着，觉得一股香气透入囟门，便手足麻木，不能动弹，口里也说不出话来，心中更自着急。只见一个人拿着明晃晃的刀进来。此时妙玉心中却是明白，只不能动，想是要杀自己，索性横了心，倒也不怕。那知那个人把刀插在背后，腾出手来将妙玉轻轻的抱起，轻薄了一会子，便拖起背在身上。此时妙玉心中只是如醉如痴。可怜一个极洁极净的女儿，被这强盗的闷香熏住，由着他摆弄了去了。[①]

果然有一伙强盗进到尼姑庵里偷了一些财物，但是临走的时候突然有一个强盗想起来，说有个小尼姑特别漂亮，光偷点钱不行，大哥等一会儿，我再劫个色。

劫个色是怎么劫的呢？

妙玉仍然在这里，听见外面来贼了，就有点害怕，"自己坐着，

[①] 《红楼梦》，第1543页。

觉得一股香气透入囟门,便手足麻木,不能动弹"。结果强盗用的是迷香,一下子把她迷倒了,口里说不出话来,心中更着急。妙玉知道大事不好,但是动不了。只见一个人拿着明晃晃的刀进来,"此时妙玉心中却是明白,只不能动,想是要杀自己,索性横了心,倒也不怕"。算了,杀吧,我不怕他。"那知那个人把刀插在背后,腾出手来将妙玉轻轻的抱起,轻薄了一会子,便拖起背在身上。此时妙玉心中只是如醉如痴。"这种迷药肯定含有春药的成分,此时妙玉已经反抗不了。最初,妙玉想杀了我不要紧,但被轻薄了一会儿之后,心中只是如醉如痴。然后"可怜一个极洁极净的女儿,被这强盗的闷香熏住,由着他掇弄了去了"。结果妙玉就这么被劫走了。

接下来小说写到妙玉被这些歹徒背出去放到车上拉走了。小说只写妙玉被劫,未写明是甘受侮辱,还是不屈而死,未写最终下场如何。她的下场大家可想而知。所以在《十二钗判词》中,妙玉的判词是这么写的:

    欲洁何曾洁?云空未必空。

    可怜金玉质,终陷淖泥中。[1]

---

[1] 《红楼梦》,第79页。

为什么高鹗在续写《红楼梦》时给妙玉安排了这么一个悲惨的结局呢？也是因为前面的判词中给妙玉的结局有这样的一个暗示。

在四大名著当中，好色的人物很多，其中最有代表性的一个就是猪八戒。大家都知道，猪八戒总是想被招为女婿的。有人说猪八戒的这种色心就是唐僧自己在取经当中的"色"心，把猪八戒这个"色"磨掉了，就是唐僧自己磨掉了自己的色心。所以在《西游记》中，作者经常拿八戒和唐僧做对比，说你看看八戒如何好色，唐僧如何品性高洁，如何能够把持自己。

且看《西游记》第十九回"云栈洞悟空收八戒　浮屠山玄奘受心经"写道：

> 那八戒摇摇摆摆，对高老唱个喏道："上复丈母、大姨、二姨并姨夫、姑舅诸亲：我今日去做和尚了，不及面辞，休怪。丈人啊，你还好生看待我浑家：只怕我们取不成经时，好来还俗，照旧与你做女婿过活。"行者喝道："夯货！却莫胡说！"八戒道："哥呵，不是胡说，只恐一时间有些儿差池，却不是和尚误了做，老婆误了娶，两下里都耽搁了？"[①]

[①]《西游记》，第241页。

猪八戒在高老庄被孙悟空收服之后，临走之前就对自己的老丈人说，各位亲戚长辈的，等我啊，如果取经不成，我还回高老庄做您的女婿。行者喝道："夯货！却莫胡说！"你这夯货，胡说什么呢，想什么好事呢。八戒道，"哥呵，不是胡说，只恐一时间有些儿差池，却不是和尚误了做，老婆误了娶，两下里都耽搁了？"说我怕路上有点什么事，如果不跟大家先说好了，回来他们再不要我，和尚没做成，老婆再没娶成，我这不是两耽误嘛。所以说猪八戒从此时就一直惦记着，如果在路上有能够招我为婿的是最好的，然后我就不走了，你们该去西天取经的就去吧。这是八戒最初打定的主意，所以他一见到美女就把持不住自己，哪怕这个美女是个妖精。

在《西游记》第七十二回"盘丝洞七情迷本　濯垢泉八戒忘形"中，七个蜘蛛精在那洗澡，孙大圣一看是群女人，而且打不穿衣服的女人有损大圣的名头，还是算了，不能打，于是变个老鹰把衣服抓走了。

悟空回去告诉猪八戒，有美女在那洗澡呢。八戒说，你舍不得打，我去。借口就去了。

一看几个妖精在那里骂呢：臭老鹰，把我们的衣服都叼走了，我们怎么出去？如：

八戒忍不住笑道："女菩萨，在这里洗澡哩。也携带我和尚洗洗，何如？"那怪见了，作怒道："你这和尚，十分无礼！我们是在家的女流，你是个出家的男子。古书云：'七年男女不同席。'你好和我们同塘洗澡？"八戒道："天气炎热，没奈何，将就容我洗洗儿罢。那里调甚么书担儿，同席不同席！"呆子不容说，丢了钉钯，脱了皂锦直裰，扑的跳下水来。那怪心中烦恼，一齐上前要打。不知八戒水势极熟，到水里摇身一变，变做一个鲇鱼精。那怪就都摸鱼，赶上拿他不住：东边摸，忽的又渍了西去；西边摸，忽的又渍了东去。滑扢虀的，只在那腿裆里乱钻。原来那水有挽胸之深，水上盘了一会，又盘在水底，都盘倒了，喘嘘嘘的，精神倦怠。[①]

八戒忍不住笑道，和尚我也跟你们洗洗，男女同浴。妖精就骂他，你这个和尚十分无礼，我们是女流之辈，你一个和尚，出家的男子跟我们洗什么？书上说了，小孩长到七岁男女都不应该坐在一起。《女儿经》都云："莫与男儿同席坐，莫与外来女人行。"女子到一定年龄不应该跟男人坐在同一张席子上，你还跟我们一起洗澡？

但是八戒不听，把钉耙一丢，把衣服一脱，跳到水中。妖怪来打他。八戒是天蓬元帅，水性极好，于是就变作一个鲇鱼精，在水

[①] 《西游记》，第898页。

里骚扰众女妖。什么叫骚扰呢？你看看"到水里摇身一变，变做一个鲇鱼精。那怪就都摸鱼，赶上拿他不住：东边摸，忽的又溃了西去；西边摸，忽的又溃了东去。滑扢虀的"。此处用了一个方言口语，形容鱼的黏滑程度。"只在那腿裆里乱钻。原来那水有搠胸之深，水上盘了一会，又盘在水底，都盘倒了，喘嘘嘘的，精神倦怠。"八戒变成一条鲇鱼在这些蜘蛛精的隐私部位乱钻，揩油、吃豆腐，这不纯属性骚扰嘛！

这里写八戒的"色"。八戒最后却被几个蜘蛛精打败了，原本以为会有艳遇的，到头来变成了一场"空"。

《西游记》第二十三回"三藏不忘本　四圣试禅心"则通过唐僧与八戒的对话，来揭示面对美色时世人的矛盾心情：

> 三藏坐在上面，好便似雷惊的孩子，雨淋的虾蟆；只是呆呆挣挣，翻白眼儿打仰。那八戒闻得这般富贵，这般美色，他却心痒难挠；坐在那椅子上，一似针戳屁股，左扭右扭的，忍耐不住。走上前，扯了师父一把道："师父，这娘子告诵你话，你怎么佯佯不睬？好道也做个理会是。"那师父猛抬头，咄的一声，喝退了八戒道："你这个孽畜！我们是个出家人，岂以富贵动心，美色留意，成得个甚么道理！"
> ……

第五板块　色：江山美人与看破红尘／

那呆子道:"胡说!胡说!大家都有此心,独拿老猪出丑。常言道:'和尚是色中饿鬼。'那个不要如此?都这们扭扭捏捏的拿班儿,把好事都弄得裂了。"①

黎山老母等几个菩萨幻化成的美女本来是要招唐僧为婿的,唐僧不肯,八戒就忍不住了,一定要入赘,说师父你不答应我就答应了。师父喝退了八戒道:"你这个孽畜!我们是个出家人,岂以富贵动心,美色留意,成得个甚么道理。"我们是出家人,怎么能被钱财富贵、美色迷住心性呢?八戒很不服气,"大家都有此心,独拿老猪出丑。常言道:'和尚是色中饿鬼。'那个不要如此?都这们扭扭捏捏的拿班儿,把好事都弄得裂了"。你们都有这心,却只批评我,你们都这么想的,嘴上却骂我。

"和尚是色中饿鬼"这句话在《西游记》中有,在《水浒传》当中也反复被提及。二者对佛家戒色持揶揄态度。

三位美女都是菩萨幻化的,所以猪八戒哪个都抓不到。然后猪八戒就说,那丈母娘你就招了我吧。黎山老母幻化的老妇人说,你也太贪心了吧,哪有连姑娘和老丈母娘一起娶的?这么办吧,我这三个姑娘织了三件背心,看看哪件你能穿上哪个就招了你。

---

① 《西游记》,第 287~289 页。

八戒穿上之后直接被吊到树上了。

到头来终究是"空"。八戒的色是反衬唐僧的不色。唐僧就是靠消磨掉八戒的色心来消磨掉自己的色心的,最后才可以修成正果。

在取经的路上,所有的男妖精都吵着要吃唐僧肉,当然了,没几个敢真吃的;几乎所有的女妖精都吵着要嫁给唐僧,当然了,白骨精除外,所以她被打死了。因此,唐僧在取经路上的主要任务之一就是磨炼自己的心性,就是戒色。

且看《西游记》第五十四回"法性西来逢女国 心猿定计脱烟花"写道:

> 女王看到那心欢意美之处,不觉淫情汲汲,爱欲恣恣,展放樱桃小口,呼道:"大唐御弟,还不来占凤乘鸾也?"三藏闻言,耳红面赤,羞答答不敢抬头……只见那女王走近前来,一把扯住三藏,俏语娇声,叫道:"御弟哥哥,请上龙车,和我同上金銮殿,匹配夫妇去来。"这长老战兢兢立站不住,似醉如痴……长老不敢回言,把行者抹了两抹,止不住落下泪来。行者道:"师父切莫烦恼。这般富贵,不受用还待怎么哩?"三藏没及奈何,只得依从。揩了眼泪,强整欢容,移步近前。①

---

① 《西游记》,第 681~682 页。

这里就是大家最熟知的女儿国。前面的妖精，唐僧不敢娶。菩萨幻化的美女，唐僧也不敢娶。如今到了女儿国，遇上一个人间的凡人美女，还是个国王，应是求之不得的，这个唐僧你总可以娶了吧。孙悟空当时就说，师父你就留在这里当女儿国国王的夫君吧，我们先去取经。唐僧说不行，并哭了。如果你们把我扔下不管，我该怎么办？"长老不敢回言，把行者抹了两抹，止不住落下泪来。"然后行者说，师父别烦恼了，如此难得的富贵，你不好好享受，还想怎么样？"三藏没及奈何，只得依从。揩了眼泪，强整欢容，移步近前。"

"没及奈何"是一个什么态度呢？是愿意，还是不愿意？真是不好揣测。

唐僧跟女儿国的国王说，你把通关文牒盖上印，放我的几个徒弟走，我留下来。女儿国的国王说这可以，这仨这么丑，虽然我们缺男子，也不要他们。结果在城外的时候，悟空跟女儿国的国王说，我们不能在这里留着了，我们要走了。女儿国的国王说，御弟圣僧你答应我要留在这里的。长老说，坚决不行。

出家人不打诳语。前面在讲"术"时，唐僧就撒谎骗悟空戴上了紧箍，这里又欺骗了女儿国的国王，真是不地道。

正在这时，一个女蝎子精把唐僧给抓走了，悟空他们就飞到云端去追，女儿国的国王和手下大臣一看，说算了，这一个个不是咱们能嫁得起的，都是一个个白日升天的神仙。大臣们说，圣上你眼

/ 职场密码：四大名著中的人生智慧

光还是不差的，但是咱们嫁不起人家，回去吧。女儿国的国王也很懊恼，只能回去了。

而唐僧呢，要继续同美色做抗争。《西游记》第五十五回"色邪淫戏唐三藏　性正修持不坏身"写道：

> 却说那女怪（蝎子精）放下凶恶之心，重整欢愉之色，叫："小的们，把前后门都关紧了。"又使两个支更，防守行者。但听门响，即时通报。却又教："女童，将卧房收拾齐整，掌烛焚香，请唐御弟来，我与他交欢。"遂把长老从后边搀出。那女怪弄出十分娇媚之态，携定唐僧道："常言'黄金未为贵，安乐值钱多。'且和你做会夫妻儿，耍子去也。"
>
> 这长老咬定牙关，声也不透。欲待不去，恐他生心害命，只得战兢兢，跟着他步入香房。却如痴如疨，那里抬头举目，更不曾看他房里是甚床铺幔帐，也不知有甚箱笼梳妆。那女怪说出的雨意云情，亦漠然无听。①

唐僧面对人间美色都不动心，如今面对一个妖精，更不能坏了本身了。那妖怪使出万般的本领要跟唐僧成亲，结果唐僧坚决不从。

---

① 《西游记》，第692页。

唐僧又一次把持住自己，又一次经受住了考验。

面对荣华富贵、美女佳人，唐僧到底能否真正不动心呢？这连孙悟空都怀疑。所以《西游记》第九十四回"四僧宴乐御花园　一怪空怀情欲喜"里，孙悟空也拿话来套唐僧，看看师父到底是什么态度。如：

> 行者道："且到十二日会喜之时，必定那公主出来参拜父母，等老孙在旁观看。若还是个真女人，你就做了驸马，享用国内之荣华也罢。"三藏闻言，越生嗔怒，骂道："好猢狲！你还害我哩！却是悟能说的，我们十节儿已上了九节七八分了，你还把热舌头锋我。快早夹着，你休开那臭口！再若无礼，我就念起咒来，教你了当不得！"行者听说念咒，慌得跪在面前道："莫念！莫念！若是真女人，待拜堂时，我们一齐大闹皇宫，领你去也。"

唐僧勃然大怒，把猴子骂了一通，以念紧箍咒来要挟，表明自己的坚贞。第九十五回"假合真形擒玉兔　真阴归正会灵元"当中也是如此。玉兔精表现得非常妩媚，但是唐僧岿然不动。[①] 如：

[①] 《西游记》，第1150页。

却说那唐僧忧忧愁愁，随着国王至后宫，只听得鼓乐喧天，随闻得异香扑鼻，低着头，不敢仰视。行者暗里欣然，丁在那毗卢帽顶上，运神光，睁火眼金睛观看，又只见那两班彩女，摆列的似蕊宫仙府，胜强似锦帐春风。真个是：

娉娉嬝嬝，玉质冰肌。一双双娇欺楚女，一对对美赛西施。云鬓高盘飞彩凤，蛾眉微显远山低。笙簧杂奏，箫鼓频吹。宫商角徵羽，抑扬高下齐。清歌妙舞常堪爱，锦砌花团色色怡。

行者见师父全不动念，暗自里咂嘴夸称道："好和尚！好和尚！身居锦绣心无爱，足步琼瑶意不迷。"①

这时孙大圣见师父毫不动色心，能够把持住自己，才暗自夸赞师父"好和尚！好和尚！身居锦绣心无爱，足步琼瑶意不迷"。师父真行，老孙给你点赞。孙悟空当然没这个色心了。但是唐僧这一肉体凡胎能够修炼到如此程度，就连孙悟空都暗自佩服，暗自咂嘴夸赞他。

唐僧与美色的抗争绝不止这几例，在第五十四回"法性西来逢女国　心猿定计脱烟花"、第五十五回"色邪淫戏唐三藏　性正修持不坏身"、第七十二回"盘丝洞七情迷本　濯垢泉八戒忘形"、第

---

① 《西游记》，第1158页。

九十五回"假合真形擒玉兔　真阴归正会灵元"等中,都有唐僧同美女抗争的详细描述。当然了,最后胜利的都是唐僧。

在"空"面前,"色即是空"。

四　淫荡终究有报应

佛家讲"色即是空,空即是色",唐僧是圣僧,他能够把持住自己,但是很多凡人在两性方面表现得不好,甚至有很多淫夫荡妇。四大名著对这些淫夫荡妇都持全面批评的态度,写这些人必将遭到恶报,劝诫的意味非常浓。

著名作家张爱玲在著名的短篇小说《色·戒》中有这样的描写:

> 又有这句谚语:"到男人心里去的路通过胃。"是说男人好吃,碰上会做菜的女人,容易被引诱。于是就有人说:"到女人心里的路通过阴道。"据说是民国初年精通英文的那位名学者(辜鸿铭)说的,名字她叫不出,就晓得他替中国人多妻辩护的那句名言:"只有一只茶壶几只茶杯,哪有一只茶壶一只茶杯的?"[①]

[①] 张爱玲:《色·戒》,花山文艺出版社,1994,第282页。

"到男人心里去的路通过胃",男人好吃,碰上会做菜的女人容易被引诱。"到女人心里的路通过阴道"怎么理解?民国时期著名学者辜鸿铭为一夫多妻辩护,说你看从来都是一个茶壶配好几个茶杯的,哪有一个茶壶配一个茶杯的。张爱玲在《色·戒》中提出这种观点,认为女人也应该有追求自己性欲的权利。中国人一般认为男子的情欲可以得到充分的满足,但是女子就不能有这种要求,如果女子有这种要求那就是淫荡的,就必然遭到惩罚。尤其是女子出轨,更是四大名著的作者不能容忍的,所以他们在小说中写了很多出轨的女子都遭到了惩罚的事例。

这些女子出轨的原因都是什么呢?

1. 性欲得不到满足

女子也有追求性满足的权利。如果这种性的需求得不到满足,就容易出轨。《水浒传》中的阎婆惜就是一例。阎婆惜的老爸死了之后没钱埋葬,宋江济人于危难之中,给了棺材本钱,然后阎婆把自己的女儿婆惜嫁给了宋江。也不是嫁,因为没有明媒正娶,俩人属于未婚同居。宋江也没说娶阎婆惜,就是给租了个房子,俩人住在一起。

《水浒传》第二十一回"虔婆醉打唐牛儿 宋江怒杀阎婆惜"写道:

宋江又过几日，连那婆子也有若干头面衣服，端的养的婆惜丰衣足食。初时宋江夜夜与婆惜一处歇卧，向后渐渐来得慢了。却是为何？原来宋江是个好汉，只爱学使枪棒，于女色上不十分要紧。这阎婆惜水也似后生，况兼十八九岁，正在妙龄之际，因此宋江不中那婆娘意。①

小说中写道，宋江拿点儿钱给阎婆惜租房子，买点儿衣服，买点儿好吃的，把母女两个照顾得挺好的。"初时宋江夜夜与婆惜一处歇卧。"最初宋江天天都来。"向后渐渐来得慢了"，以后来的越来越少。为什么呢？"却是为何？原来宋江是个好汉，只爱学使枪棒。"这是正面替宋江遮掩的，说得高大上一点儿，就是说宋江不近女色，每天只喜欢舞枪弄棒。"于女色上不十分要紧"是什么意思？"要紧"两个字怎么理解？就是说宋江在男女之事方面不过分关注，因此让婆惜不满意。这阎婆惜"水也似后生，况兼十八九岁，正在妙龄之际，因此宋江不中那婆娘意"。就是说婆惜年轻又漂亮，情窦初开，对男女之事要求多，而宋江在这方面不上心，所以阎婆惜对他很不满意。

阎婆惜，本来就寂寞难耐，不满意宋江，而宋江又把自己一个

---

① 《水浒传》，第261页。

同事张三领到家里来喝酒。小说写婆惜本来就是水性杨花,"张三亦是酒色之徒",两个人可以说是奸夫淫妇,一拍即合。如:

> 那厮唤做小张三,生得眉清目秀,齿白唇红。平昔只爱去三瓦两舍,飘蓬浮荡,学得一身风流俊俏,更兼品竹弹丝,无有不会。这婆惜是个酒色倡妓,一见张三,心里便喜,倒有意看上他。那张三见这婆惜有意,以目送情。等宋江起身净手,倒把言语来嘲惹张三。常言道:风不来,树不动;船不摇,水不浑。那张三亦是个酒色之徒,这事如何不晓得。因见这婆娘眉来眼去,十分有情,记在心里。向后宋江不在时,这张三便去那里,假意儿只做来寻宋江。那婆娘留住吃茶,言来语去,成了此事。谁想那婆娘自从和那张三两个搭识上了,打得火块一般热。亦且这张三又是惯会弄此事的。①

宋江也算是交友不慎、引狼入室了。张三、婆惜两人勾搭成奸,"言来语去,成了此事。谁想那婆娘自从和那张三两个搭识上了,打得火块一般热。亦且这张三又是惯会弄此事的"。张三的"惯会弄此事"与宋江的"不十分要紧"就充分说明了两人在男女之事上的

---

① 《水浒传》,第262页。

差距。张三是精通男女之道的,因此阎婆惜更加不喜欢宋江了。

但是阎婆惜为什么没有跟宋江分开呢?因为她离了宋江连吃穿都没有着落。也就是说宋江能给她钱。表面上花宋江的钱,暗地里养个小白脸,阎婆惜此事做得也不地道。

这事被传出去了,也被传到宋江的耳朵里了。按理说,一个正常的男人肯定不能容忍别人给自己戴绿帽子的,纵使这个人只是自己的情妇而非老婆,但宋江忍了。

是否无法理解?

能解释的理由只有一个:宋江在男女之事方面不精通,因此心虚,甘愿吃个哑巴亏。

结果阎婆不知道就里,非把宋江拽到家里,让他喝酒。宋江跟阎婆惜根本无法相处。阎婆惜想跟宋江分手,但又舍不得宋江的钱。如:

> 宋公明是个勇烈大丈夫,为女色的手段却不会。这阎婆惜被那张三小意儿百依百随,轻怜重惜,卖俏迎奸,引乱这婆娘的心,如何肯恋宋江。当夜两个在灯下坐着,对面都不做声,各自肚里踌躇,却似等泥干掇入庙。[1]

---

[1] 《水浒传》,第268~269页。

《水浒传》中反复提及这句话，"宋公明是个勇烈大丈夫"，是个爷们。爷们怎么样呢？"为女色的手段却不会。"别看是个爷们，但是于男女之事方面不精通。"阎婆惜被那张三小意儿百依百随，轻怜重惜，卖俏迎奸，引乱这婆娘的心，如何肯恋宋江。"宋江被迫留宿，两人没有好好地沟通，也不做什么，"对面都不做声，各自肚里踌躇，却似等泥干掇入庙"，就像两个泥塑的人一样，坐了半宿。宋江本来想说，我早就听说你跟张三干的好事，我看你今天晚上怎么对我。结果阎婆惜也不理他，两人就和衣而卧了。

睡了半夜宋江起来，说算了，准备走。宋江起来洗了脸，临走之前很生气，就骂阎婆惜，你这个贼贱人好生无礼，这一夜你都没好好待我。两人都穿着衣服，一个躺床头，一个躺床尾，赌气，半睡半醒地过了半夜。阎婆惜也不曾睡着，听到宋江骂时扭过身回道："你不羞这脸！"你看阎婆惜骂这话，说你丢不丢人？言外之意是什么？你自己啥样还不知道，还骂我无礼？

宋江被揭了短，一气之下啥也没说，走了。

宋江走得匆忙，把公文袋落在了阎婆惜这里。阎婆惜从公文袋中搜出了晁盖的信，看信中说有黄金，就把信藏了起来，等宋江回来找。结果宋江发现公文袋丢了，想钱丢了不要紧，信不能丢，回头去要。阎婆惜就跟他约法三章，说你得给我多少钱。宋江说我可以不来找你，容忍你和张三来往，但是我没那么多钱。阎婆惜不同

第五板块 色：江山美人与看破红尘 / 189

意。这怎么办呢？宋江就去抢，不小心把刀拔出来了。那婆娘见宋江抢刀在手，就大叫，宋江杀人了。宋江本来没有杀人的念头，结果让阎婆惜一喊，使他起了这个念头，说那我杀了你吧。如：

> 只这一声，提起宋江这个念头来，那一肚皮气正没出处。婆惜却叫第二声时，宋江左手早按住那婆娘，右手却早刀落，去那婆惜嗓子上只一勒，鲜血飞出。那妇人兀自吼哩。宋江怕他不死，再复一刀，那颗头伶伶仃仃落在枕头上。①

宋江杀阎婆惜从表面上看是他一时冲动，属于激情杀人。但仔细分析，宋江已经听说阎婆惜跟张三两个人私通，本来就生气，跟阎婆惜睡了半夜又闹了一肚子气，现在阎婆惜又朝他要钱，"那一肚皮气正没出处"，这一肚皮气可不是仅指阎婆惜要告状这事，而是指前面等一系列事。宋江下手相当狠，两刀就把头割了下来。

作者把阎婆惜写得不仅漂亮，而且还水性杨花。但水性杨花的下场就是这样。头被割了下来，这就是淫荡的下场。

性欲得不到满足的女子不只阎婆惜一个，还有更得不到满足的潘金莲。

---

① 《水浒传》，第 274 页。

潘金莲是文学作品中有名的荡妇。《水浒传》第二十四回"王婆贪贿说风情　郓哥不忿闹茶肆"写了她的出身和嫁给武大郎的缘由：

> 那清河县里有一个大户人家，有个使女，小名唤做潘金莲，年方二十余岁，颇有些颜色。因为那个大户要缠他，这女使只是去告主人婆，意下不肯依从。那个大户以此恨记于心，却倒赔些房奁，不要武大一文钱，白白地嫁与他。①

小说里写潘金莲本是清河县里张大户家的丫鬟，小名叫潘金莲，二十多岁，长得非常漂亮，主人张大户想要霸占她，结果她不同意，告诉了主人婆。张大户一怒之下，说臭丫头，竟然不跟我？我倒赔嫁妆，找一个最丑的、最穷的、最不像男人的男人把你嫁出去。从这里能够看出来，潘金莲并不爱财，如果爱财的话顺从主人张大户不就完事了。又道：

> 自从武大娶得那妇人之后，清河县里有几个奸诈的浮浪子弟们，却来他家里薅恼。原来这妇人见武大身材短矮，人物猥

---

① 《水浒传》，第301页。

第五板块　色：江山美人与看破红尘／

猥，不会风流，这婆娘倒诸般好，为头的爱偷汉子。有诗为证：

　　金莲容貌更堪题，笑魇春山八字眉。

　　若遇风流清子弟，等闲云雨便偷期。

　　却说那潘金莲过门之后，武大是个懦弱依本分的人，被这一班人不时间在门前叫道："好一块羊肉，倒落在狗口里。"因此武大在清河县住不牢，搬来这阳谷县紫石街赁房居住，每日仍旧挑卖炊饼。①

　　潘金莲嫁的武大郎不但长得身材短矮，相貌丑陋，而且"不会风流"。《水浒传》的作者施耐庵多次写男人在这方面有缺陷，前面是宋江，这里是武大郎。而这恰恰是小说中很多女子出轨的主要原因。潘金莲不嫌弃武大郎长得丑、没钱，单单是"不会风流"让她难以忍受，所以"这婆娘倒诸般好，为头的爱偷汉子"，说明潘金莲在持家等方面做得还不错，就是水性杨花，因此总是出轨"偷汉子"。

　　于是武大郎说算了，搬走吧，离开这里。武大郎搬家到阳谷县之后，偶遇自己的弟弟打虎英雄武松。潘金莲勾引武松不成，又偶然碰到西门庆了。西门庆专门勾引女人，潘金莲又水性杨花，再加上王婆的从中撮合，干柴烈火，哪有不燃之理？而且王婆图的是西

---

　　① 《水浒传》，第 301 页。

门庆的钱,但潘金莲根本没有图钱的意思。如:

> 且说西门庆自在房里,便斟酒来劝那妇人,却把袖子在桌上一拂,把那双箸拂落地下。也是缘法凑巧,那双箸正落在妇人脚边。西门庆连忙蹲身下去拾,只见那妇人尖尖的一双小脚儿,正跷在箸边。西门庆且不拾箸,便去那妇人绣花鞋儿上捏一把。那妇人便笑将起来,说道:"官人休要啰唣!你有心,奴亦有意。你真个要勾搭我?"西门庆便跪下道:"只是娘子作成小生!"那妇人便把西门庆搂将起来。当时两个就王婆房里,脱衣解带,共枕同欢。①

当西门庆勾引潘金莲时,潘金莲根本没有提出钱财、名分等要求,直接说"你真个要勾搭我?"然后西门庆便跪下道,"只是娘子作成小生"。于是"那妇人便把西门庆搂将起来"。从这里明显看出来,潘金莲很主动。而且这里没有说西门庆有其他的什么许诺,可见潘金莲不图财,要的只是性。

接下来武大郎捉奸、西门庆踢倒武大郎、潘金莲毒死亲夫等情节依次出现,然后武松来报仇。小说的作者认为,这样的淫夫荡妇

---

① 《水浒传》,第 326~327 页。

坚决不能放过，绝不能让他们过得好，所以坚决杀之。简单地杀还不足以平民愤，于是武松很残忍地杀掉了淫妇潘金莲。

《水浒传》第二十六回"郓哥大闹授官厅　武松斗杀西门庆"很暴力地描述道：

> （武松）叫士兵取碗酒来，供养在灵床子前，拖过这妇人来跪在灵前，喝那婆子也跪在灵前。武松道："哥哥灵魂不远，兄弟武二与你报仇雪恨！"叫士兵把纸钱点着。那妇人见头势不好，却待要叫，被武松脑揪倒来，两只脚踏住他两只胳膊，扯开胸脯衣裳。说时迟，那时快，把尖刀去胸前只一剜，口里衔着刀，双手去斡开胸脯，取出心肝五脏，供养在灵前。胳查一刀，便割下那妇人头来，血流满地。四家邻舍，吃了一惊，都掩了脸，见他凶了，又不敢动，只得随顺他。武松叫士兵去楼上取下一床被来，把妇人头包了，揩了刀，插在鞘里。洗了手，唱个喏，说道："有劳高邻，甚是休怪。且请众位楼上少坐，待武二便来。"①

看见了吗？够残忍吧？够暴力吧？为什么写得如此残忍、暴力？

---

① 《水浒传》，第353页。

因为小说作者要警醒这些所谓的荡妇，说你要是不守妇道的话，就会死得这么惨，就会得到这样的报应。

《水浒传》的作者似乎对年轻漂亮的女性怀着极大的愤恨，她们几乎很难得到好的下场。《水浒传》中的女性本不多，而且正面的是"母大虫"顾大嫂、"母夜叉"孙二娘。看看这诨号，就知道她们长得什么模样了。"一丈青"扈三娘倒是漂亮，但是因为她还算温顺，让她嫁给了跟她有杀父之仇的梁山兄弟中比较难看的"矮脚虎"王英，且是个色鬼。扈三娘最后同丈夫战死沙场，算是好的结局了。其他漂亮点儿的阎婆惜、潘金莲、潘巧云等，因为出轨，各个惨死。

2. 心灵得不到慰藉

女子出轨的原因还有心灵得不到慰藉的，如《水浒传》中杨雄的老婆潘巧云。《水浒传》第四十四回"锦豹子小径逢戴宗 病关索长街遇石秀"对潘巧云的出身做了交代：

> 原来那妇人是七月七日生的，因此小字唤做巧云。先嫁了一个吏员，是蓟州人，唤做王押司，两年前身故了，方才晚嫁得杨雄，未及一年夫妻。[①]

[①] 《水浒传》，第594页。

潘巧云是个寡妇，嫁给杨雄不到一年。那她为什么要偷人？那她为什么同和尚私通呢？在《水浒传》第四十五回"杨雄醉骂潘巧云　石秀智杀裴如海"中，潘巧云对和尚说过："我的老公，一个月倒有二十来日当牢上宿。"① 两人结婚不久，而杨雄大部分时间不在家，经常值夜班。而且杨雄回家后也不会和潘巧云温存，没有顾及她的内心感受。所以潘巧云心灵得不到慰藉，宁愿勾搭一个和尚。

杨雄是干什么的？杨雄的职业是两院押狱兼充市曹行刑刽，是监狱当中的一个狱警，同时兼任刽子手，行刑杀人的。所以说和尚色胆包天，敢偷警察兼刽子手的老婆，简直是活腻歪了。和尚有些胆战，潘巧云则给他出主意：

> 我自买了迎儿，教他每日在后门里伺候。若是夜晚老公不在家时，便掇一个香桌儿出来，烧夜香为号，你便入来不妨。若怕五更睡着了，不知省觉，却那里寻得一个报晓的头陀，买他来后门头大敲木鱼，高声叫佛，便好出去。若买得这等一个时，一者得他外面策望，二乃不教你失了晓。②

可见在这起私通案中，潘巧云是主导。她空虚寂寞冷，内心得

---

① 《水浒传》，第606页。
② 《水浒传》，第606页。

不到安慰。谁不想偷情偷一个帅哥、富二代什么的，结果她只能遇到和尚，就只能偷和尚。石秀还总在中间作梗，潘巧云就跟杨雄进谗言说，石秀调戏她。杨雄一听这话，就把石秀撵走了。石秀一琢磨，这黑锅犯不着我背啊，就把和尚杀了，把前因后果跟杨雄说了。

杨雄是干什么的？他能戴这绿帽子吗？他把丫鬟、媳妇都抓来，一番审问，丫鬟先把实情一五一十招了。

在《水浒传》第四十六回"病关索大闹翠屏山 拼命三火烧祝家庄"中，杨雄下不去手，毕竟自己也有一定的过错。所以"杨雄揪过那妇人来，喝道：'贼贱人！丫头已都招了，便你一些儿休赖。再把实情对我说了，饶了你贱人一条性命！'"杨雄说饶潘巧云一条性命，证明心存不忍。

但是石秀就在旁边撺掇，反复地说，大哥你还不杀这婆娘？要不，我替你动手吧。杨雄说，杀人还用你吗？我是干什么的，我就是刽子手。杨雄又很残忍地杀了潘巧云：

迎儿见头势不好，却待要叫，杨雄手起一刀，挥作两段。那妇人在树上叫道："叔叔劝一劝！"石秀道："嫂嫂，哥哥自来伏侍你。"杨雄向前，把刀先斡出舌头，一刀便割了，且教那妇人叫不的。杨雄却指着骂道："你这贼贱人，我一时间误听不明，险些被你瞒过了！一者坏了我兄弟情分，二乃久后必然被

第五板块 色：江山美人与看破红尘 / 197

你害了性命,不如我今日先下手为强。我想你这婆娘,心肝五脏怎地生着?我且看一看!"一刀从心窝里直割到小肚子上,取出心肝五脏,挂在松树上。杨雄又将这妇人七事件分开了,却将头面衣服都拴在包裹里了。①

看这杀法,丝毫不亚于武松杀潘金莲。因此,《水浒传》作者施耐庵对美女似乎抱着一种强烈的仇恨心理,尤其对出轨的荡妇极度地仇恨,因此让她们都不得好死,从而满足自己的一种变态心理。

3. 纵欲的恶果

四大名著当中多次提及纵欲的恶果,不单是《水浒传》,《红楼梦》当中对情欲的描写就更多了。比如贾宝玉、贾琏、秦可卿等人,作者劝诫的意味也比较浓。最典型的就是贾瑞。《红楼梦》第十一回"庆寿辰宁府排家宴 见熙凤贾瑞起淫心"写贾瑞对王熙凤动了邪念,凤姐内心气得不行,恨恨地准备惩罚贾瑞。

凤姐儿故意的把脚步放迟了些儿,见他去远了,心里暗忖道:"这才是知人知面不知心呢,那里有这样禽兽的人呢。他如

---

① 《水浒传》,第 620 页。

果如此,几时叫他死在我的手里,他才知道我的手段!"

……

到了家中。平儿将烘的家常的衣服给凤姐儿换了。凤姐儿方坐下,问道:"家中没有什么事么?"平儿方端了茶来,递了过去,说道:"没有什么事。就是那三百银子的利银,旺儿媳妇送进来,我收了。再有瑞大爷使人来打听奶奶在家没有,他要来请安说话。"凤姐儿听了,哼了一声,说道:"这畜生合该作死,看他来了怎么样!"平儿因问道:"这瑞大爷是因什么只管来?"凤姐儿遂将九月里宁府园子里遇见他的光景,他说的话,都告诉了平儿。平儿说道:"癞蛤蟆想天鹅肉吃,没人伦的混帐东西,起这个念头,叫他不得好死!"凤姐儿道:"等他来了,我自有道理。"①

对于贾瑞的歪念头,平儿说:"癞蛤蟆想天鹅肉吃,没人伦的混帐东西,起这个念头,叫他不得好死!"凤姐道:"等他来了,我自有道理。"王熙凤痛恨贾瑞淫荡,设了一个相思局,把贾瑞一通捉弄。贾瑞回去之后就害了相思病。

《红楼梦》第十二回"王熙凤毒设相思局　贾天祥正照风月鉴"

---

① 《红楼梦》,第 161~165 页。

第五板块　色:江山美人与看破红尘/

写贾瑞病得越来越严重,吃什么药都不好使。如:

> 那贾瑞此时要命心甚切,无药不吃,只是白花钱,不见效。忽然这日有个跛足道人来化斋,口称专治冤业之症。贾瑞偏生在内就听见了,直着声叫喊说:"快请进那位菩萨来救我!"一面叫,一面在枕上叩首。众人只得带了那道士进来。贾瑞一把拉住,连叫"菩萨救我!"那道士叹道:"你这病非药可医。我有个宝贝与你,你天天看时,此命可保矣。"说毕,从褡裢中取出一面镜子来——两面皆可照人,镜把上面錾着"风月宝鉴"四字——递与贾瑞道:"这物出自太虚幻境空灵殿上,警幻仙子所制,专治邪思妄动之症,有济世保生之功。所以带他到世上,单与那些聪明杰俊、风雅王孙等看照。千万不可照正面,只照他的背面,要紧,要紧!三日后吾来收取,管叫你好了。"说毕,佯常而去,众人苦留不住。①

这时候来了一个跛足道人,给了他一面叫"风月宝鉴"的镜子,说这一面镜子,如果你看背面的话还可以,"千万不可照正面,只照他的背面,要紧,要紧!三日后吾来收取,管叫你好了"。跛足

---

① 《红楼梦》,第 171 页。

道人对贾瑞说，你看这面镜子的背面看三天就能好了，但如果看正面恐怕就不行了。如：

贾瑞收了镜子，想道："这道士倒有意思。我何不照一照试试。"想毕，拿起"风月鉴"来，向反面一照，只见一个骷髅立在里面，唬得贾瑞连忙掩了，骂："道士混帐！如何吓我！——我倒再照照正面是什么。"①

贾瑞说这倒有意思，我看一下背面，一看，是一个骷髅头在里头。贾瑞说，这是什么东西，就骂那道士混账，如何吓我？那我再看看正面吧。如：

想着，又将正面一照，只见凤姐站在里面招手叫他。贾瑞心中一喜，荡悠悠的觉得进了镜子，与凤姐云雨一番，凤姐仍送他出来。到了床上，嗳哟了一声，一睁眼，镜子从手里掉过来，仍是反面立着一个骷髅。贾瑞自觉汗津津的，底下已遗了一滩精。心中到底不足，又翻过正面来，只见凤姐还招手叫他，他又进去。如此三四次。到了这次，刚要出镜子来，只见两个

---

① 《红楼梦》，第 171~172 页。

人走来,拿铁锁把他套住,拉了就走。贾瑞叫道:"让我拿了镜子再走。"——只说了这句,就再不能说话了。①

一看正面怎么样?凤姐在里面呢。镜子背面的骷髅头是用来警醒贾瑞收起色心的。但是镜子的正面则有美女在里头,贾瑞的梦中情人在里头,他色心大起,病自然就不会好了。贾瑞于是"荡悠悠的觉得进了镜子,与凤姐云雨一番",然后送出来。结果就是这样反复,看反面还是骷髅头,看正面还是凤姐,如此三四回,怎么样?人就完了,最后就死了。如:

代儒夫妇哭的死去活来,大骂道士:"是何妖镜!若不早毁此物,遗害于世不小。"遂命架火来烧,只听镜内哭道:"谁叫你们瞧正面了!你们自己以假为真,何苦来烧我?"正哭着,只见那跛足道人从外面跑来,喊道:"谁毁'风月鉴',吾来救也!"说着,直入中堂,抢入手内,飘然去了。②

《红楼梦》的作者通过贾瑞的遭遇告诫世人纵欲的恶果,劝诫意味相当明显。

---

[1] 《红楼梦》,第171~172页。
[2] 《红楼梦》,第172页。

《红楼梦》作为一部出色的世情小说，对《金瓶梅》的继承颇多。脂砚斋就明确说"《红楼》深得《金瓶》之壶奥"，即说《红楼梦》深得《金瓶梅》的精髓，如果没有《金瓶梅》就没有《红楼梦》。

　　《金瓶梅》？有人说它不是号称"古今第一淫书"吗？实际上，《金瓶梅》的序言中就已经有了明确的劝诫主旨，强调纵欲定会遭到恶报。如：

>　　《金瓶梅》秽书也。袁石公亟称之，亦自寄其牢骚耳，非有取于《金瓶梅》也。然作者亦自有意，盖为世戒，非为世劝也。如诸妇多矣，而独以潘金莲、李瓶儿、春梅命名者，亦楚梼杌之意也。盖金莲以奸死，瓶儿以孽死，春梅以淫死，较诸妇为更惨耳。借西门庆以描画世之大净，应伯爵以描画世之小丑，诸淫妇以描画世之丑婆、净婆，令人读之汗下。盖为世戒，非为世劝也。余尝曰：读《金瓶梅》而生怜悯心者，菩萨也；生畏惧心者，君子也；生欢喜心者，小人也；生效法心者，乃禽兽耳。余友人褚孝秀，偕一少年同赴歌舞之筵，衍至霸王夜宴，少年垂涎曰："男儿何可不如此！"孝秀曰："也只为这乌江设此一着耳。"同座闻之，叹为有道之言。若有人识得此意，方许他读《金瓶梅》也。不然，石公几为导淫宣欲之尤矣。奉

劝世人，勿为西门之后车可也。①

序言指出，读《金瓶梅》生出怜悯心的，那么你就是菩萨；生出畏惧心的，认识到色即是空，空即是色，因果轮回，如果淫荡的话会得到恶果报应，那么你就是君子；越看越高兴，这样的话你就是小人；生效法心的，学西门庆的一些勾引女人的本领，学他那些淫具怎么使用的，那你就是禽兽。所以，不同的人会从《金瓶梅》当中得出不同的感悟。

因此，四大名著对女色的这种不论美人计也好，还是因果轮回也好，还是劝诫也好，不同的人会有不同的感受。

正确的两性组成是一个世界的常态，古今中外都是这样。正确处理好两性的关系，对于个人发展甚至家国的存亡都有非常重要的意义。

---

① 兰陵笑笑生：《金瓶梅词话》，人民文学出版社，2000，第 5 页。

图书在版编目(CIP)数据

职场密码:四大名著中的人生智慧/由兴波著. --北京:社会科学文献出版社,2017.10(2018.1 重印)
(吉林大学哲学社会科学普及读物)
ISBN 978-7-5201-0998-7

Ⅰ.①职… Ⅱ.①由… Ⅲ.①成功心理-通俗读物 Ⅳ.①B848.4-49

中国版本图书馆 CIP 数据核字(2017)第 199370 号

吉林大学哲学社会科学普及读物
职场密码:四大名著中的人生智慧

著　　者/由兴波

出 版 人/谢寿光
项目统筹/恽　薇　陈凤玲
责任编辑/陈凤玲　樊学梅

出　　版/社会科学文献出版社·经济与管理分社(010)59367226
　　　　　地址:北京市北三环中路甲29号院华龙大厦　邮编:100029
　　　　　网址:www.ssap.com.cn

发　　行/市场营销中心(010)59367081　59367018

印　　装/三河市尚艺印装有限公司

规　　格/开　本:787mm×1092mm　1/16
　　　　　印　张:13.25　字　数:128千字

版　　次/2017年10月第1版　2018年1月第2次印刷

书　　号/ISBN 978-7-5201-0998-7

定　　价/79.00元

本书如有印装质量问题,请与读者服务中心(010-59367028)联系

版权所有 翻印必究